エンジニアのための
実践データ解析

藤 井 宏 行 著

東京化学同人

序

　開発すべき製品がどんどん高機能になってきたり，省資源・省エネルギーのためにより限界に近い生産をするようになってくると，今まではあまり気にする必要のなかったデータの精度やばらつきといったものを適切に扱うことが非常に重要となってきます．このようなデータのばらつきを扱う学問として統計学があるわけですが，エンジニアの多くは自分の扱っている対象から得られるデータを扱うために"統計学"を学ぶことにはちょっと敷居の高さを感じているように思います．それはある意味統計学が学問として洗練され過ぎているために，自分達の扱っているある種"泥臭い"データをそのまま当てはめてよいのかどうかが今一つしっくりこないというのがその理由でしょうか．

　他方，表計算ソフトの普及とともに，簡単に平均値や標準偏差，さらには相関係数の計算や最小二乗法による多項式の当てはめといった"統計的"データ処理ができるようになりました．これはデータがあれば誰でもできてしまうために，本来は使ってはいけない（結論を間違う可能性がある）状況でのデータ処理をしてしまうリスクも増えてきました．

　こういった状況においては，統計学のわかりやすい教科書もさることながら，実際のデータを扱う視点に立ったときに統計はどのように使えるのかを実践的に，感覚的に理解できるようなテキストが必要なのではないかと考え，そんな観点からまとめてみたのがこの本です．

　筆者は決して統計学に詳しいわけではなく，むしろまるでわからなくて落ちこぼれていた部類のエンジニアですが，業務上やむなくこういったデータ解析の経験を積んでいくうちに，統計の教科書が説いているのはこういうことなのかということがなんとなく実感としてわかってきました．そういったところをうまくお伝えすることができれば，本書もデータの処理にお困りの方に少しでもお役に立つのではないかと期待しています．

　本書は2002年11月より11回にわたって，化学工学会の学会誌に連載した"ケミカルエンジニアのための統計的品質管理入門"で論じたことを

ベースに，そこでは紙面の都合で十分に論じられなかったところ，その後の経験の中で新たに理解したところを加えてまとめたものです．

　本書の出版にあたりましては，東京化学同人の高林ふじ子さんにたいへんお世話になりました．この場を借りて感謝致します．

2005年3月1日

　　　　　　　　　　　　　　　　　　　　　　　　　　藤　井　宏　行

目　　次

はじめに ── この本の狙い……………………………………………………1
　ばらつきに満ちた世界……………………………………………………2
　ばらつきとはそもそも何か………………………………………………3
　ばらつきのもとでのデータの解析………………………………………4

1. 平均とばらつき……………………………………………………………7
　1・1　平均値・標準偏差を求める目的は？……………………………7
　1・2　平均を取る意味があるのは素性のそろったデータどうし……9
　1・3　どこまでそろっていれば素性がそろったといってよいのか？……10
　1・4　求めた平均値の意味………………………………………………12
　1・5　サンプル数増加による平均値推定精度の向上効果……………15
　1・6　ばらつきの大きさ（分散と標準偏差）の推算…………………18
　1・7　分散値のサンプル依存性…………………………………………22
　1・8　正規分布のメカニズム……………………………………………23
　1・9　実際の平均値の揺らぎの推算の仕方……………………………26
　　● 2点繰返し平均は気休め？…………………………………………32
　　● ヒストグラムを描こう………………………………………………32
　　● 正規確率プロットは使える！………………………………………34

2. 正規分布にならないケースの例とその対処法：さまざまな確率分布……39
　2・1　非負の壁とばらつきの不均等性：対数正規分布………………40
　2・2　ベクトルから求めたスカラー量：レイリー分布とマクスウェル分布……46

 2・3 両端に壁があるときの取り扱い：ベータ分布とロジット変換 ………… 49
 2・4 時間とともに劣化していく現象を表す：指数分布 ……………………… 52
 2・5 最弱リンク説に基づく材料強度の分布：ガンベル分布とワイブル分布 … 53
 2・6 その他のケース ………………………………………………………………… 60
  ● 正規分布でないときの確率プロットの描き方 ……………………………… 62

3. 違いを判断する：分散分析 ……………………………………………………… 65
 3・1 繰返し実験の重要性：まずはグラフを描こう ……………………………… 65
 3・2 だめ押しとしての分散分析 …………………………………………………… 68
 3・3 分散分析の限界 ………………………………………………………………… 74
 3・4 繰返しサンプルはどれくらい取ればよいのか？ …………………………… 76

4. 関係を見極める：相関分析 ……………………………………………………… 81
 4・1 相関の考え方 …………………………………………………………………… 81
 4・2 サンプル相関と母相関 ………………………………………………………… 84
 4・3 サンプル数が少ないときの相関係数 ………………………………………… 85
 4・4 相関発生のメカニズム ………………………………………………………… 88
 4・5 相関係数の"ばらつき"の評価 ……………………………………………… 90
 4・6 信頼区間幅とサンプル数との関係 …………………………………………… 97
 4・7 信頼区間評価の際の留意点 …………………………………………………… 99

5. 因果関係をとらえる：回帰分析と最小二乗法 ……………………………… 103
 5・1 条件変更の効果をみる ………………………………………………………… 103
 5・2 回帰分析の考え方 ……………………………………………………………… 107
 5・3 当てはめの性能の評価：決定係数 R^2 …………………………………… 109
 5・4 決定係数の信頼性 ……………………………………………………………… 112
 5・5 当てはめ誤差の影響 …………………………………………………………… 114
 5・6 直線式以外での当てはめに関して …………………………………………… 118
 5・7 操作条件 X の誤差の影響について ……………………………………… 122
  ● 対数変換下でのデータの当てはめ ………………………………………… 123
  ● 決定係数 R^2 と p 値との関係 ………………………………………… 125
  ● 係数の大きさのばらつき …………………………………………………… 126

6. たくさんの要因を一度に評価する：重回帰分析 ……………………129
 6・1 単回帰分析の限界 ………………………………………129
 6・2 重回帰分析の考え方 ……………………………………132
 6・3 重回帰式の計算と評価 …………………………………135
 6・4 回帰係数の解釈 …………………………………………136
 6・5 オーバーフィッティングと変数の絞り込み …………140
 6・6 外れ点の影響の発見と補正 ……………………………146
 6・7 因果律と重回帰 …………………………………………148
   ● 重回帰計算 ………………………………………………150
 6・8 実験計画法と重回帰分析 ………………………………153

参 考 文 献 ……………………………………………………………161
索　　 引 ……………………………………………………………163

はじめに
── この本の狙い ──

　統計の教科書は世の中にたくさんあり，優れたものも少なくありません．ところがいざ目の前の実験データや製造データを取り扱う段になると，そういった教科書の知識だけでは困ってしまうことがよくあります．

- 統計の教科書では"正規分布のもとでは〜が成り立つ"とあるけれど，手元にあるデータは正規分布かどうかわからない．
- どういう条件がそろったときに，正規分布のデータと見なしてよいのか？
- 実験の精度を上げるために同じ条件での繰返しを増やすとき，どの程度繰返したら十分といえるのか？　等々…

不安を抱えながらも，取りあえず教科書通りにデータを処理して何だか実感に合わない答えを出したり，あるいは深く考えずに計算機の出す数値をレポートに書いたりしてしまう，そんなことが得てして起こりがちなのです．

　Excel や Lotus などの表計算ソフトが普及してくると，簡単に平均値や標準偏差を計算したり，集計してグラフを描いたりすることができるようになりました．本当はデータの取り扱いに関してもう少し基本的な考え方を押さえておきたいのだけれども，"統計の勉強"ということになるとちょっと難し過ぎてついていけない，と思ってしまうのか，なかなか手が出せないとお考えの方が多いように思います．

　しかしながら統計の考え方というものも，もとはといえば手持ちのデータを上手に取り扱いたいという取り組みの中で生まれ，洗練されてきたものですから，その考え方のベースとなっているところは決して難解なものではありません．むしろ直感的にも納得できる考え方の方が多いはずです．それが教科書の世界ではあまりにきれいにまとめられすぎていて，かえって難しい印象をもたれてしまうことが多いように思います．

　そこで，エンジニアの方が普段取り扱っている実験や製造のデータを題材に，そのデータを解析する際に気を付けなければいけない"ツボ"のようなところを重点的に論じてみることで，統計のいわんとしていること，すなわち"ばらつきに満ち

たデータを適切に取り扱うにはどうすればよいのか"をこの本では考えてみることにしました.

　私自身は統計の専門家ではありませんので,理論的に厳密でないところ,あるいは理論をよく咀嚼できていないまま論旨を展開しているところも多いかと思います.しかし企業に入ってさまざまな形のデータを取り扱う中でいろいろな壁にぶちあたりもがく中で,こういう考え方をすれば理にかなっているな? ということをできるだけ多く取り上げたつもりですので,実際の課題に直面したときにお役に立つところも結構あるのではないでしょうか.そんな観点からご活用いただけると幸いです.

ばらつきに満ちた世界

　研究開発をされている方は,実験の再現性といったことに非常に気を遣われるかと思います.同じ条件で繰返しテストしても結果が同じにならない,あるいは条件を動かしたときの応答が出たり出なかったりする理由は何か? 深く悩まれた経験のある人も多いことでしょう.

　あるいは製造プロセスにおける品質の変動でも,原因として突き止めたはずの要因を押さえたはずが,しばらくするとまた変動がひどくなるといったことがよく起こります.改善活動を絶え間なく続けないといけない理由がここにあったりもするわけです.

　これらの現象をわれわれは"ばらつき"とよんでいます.これらが全く存在しない状況というのは通常のエンジニアリングの場ではほとんど考えられませんので,それぞれの状況に応じて対処の仕方を考えなければなりません.これが適切でないと

本来効果がないものを"ある"と見誤ったり

本来効果があるものを"ない"と見過ごしたり

することがしばしば起こり,無駄な投資をしたり,あるいはトラブルを発生させてしまうことがあります.

　これらの適切さの判断は

　　❶ ばらつきの程度に対して繰返しサンプル数は十分にあるか?
　　❷ ばらつきの発生メカニズムが推定できているか?
　　❸ 判断を誤るリスク(ゼロにはできない)が十分に小さいか?

といった観点からなされる必要がありますが,そこにはこれからご紹介するような統計の視点は大変有用なのです.

ばらつきとはそもそも何か？

"ばらつき"と書いてしまうと何か見たい"効果"や"要因"とは関係ない別のもののように思ってしまいがちですが，これらはすべて同じものです．製品の性能でも，あるいはプラントの品質変動原因でも，それがただ一つだけの要因で決まってしまうということはあり得ず，必ず無数の要因でその変化は起こっています（図1）．これらのうちのたまたま一つ，あるいは多くて数個の要因に注目して，他はひとまとめにして"ばらつき"として扱っているのです．ですから取り出した要因と"ばらつき"とされているものの中に含まれている別の要因とは時として入れ替えて考えることもあり得るのだ，ということはまず意識しておいてよいでしょう．

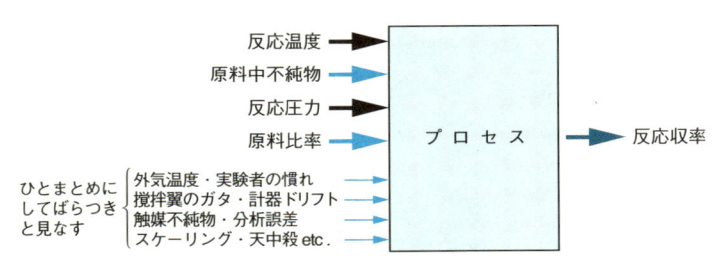

図1 さまざまな変動要因

ばらつきの原因となる候補を効果的に拾い上げる方法として，品質管理の世界で古くから有名なのが特性要因図（図2）です．どんな小さな可能性も漏れなく拾い上げるために関係者が全員集まってブレインストーミングをして，挙がった要因候

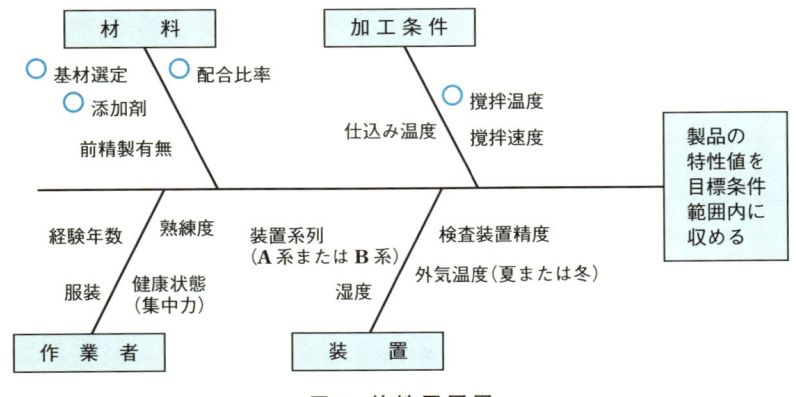

図2 特性要因図

補の中から重要と予想されるもののいくつかに着目して丸印をつけ，それらと品質やトラブルとの関係を調べていくわけですが，ここで着目しなかった要因はすべて，着目した要因と結果とのきれいな関係を乱す"ばらつき"になると考えられます．

選ばれなかったものの中に実は選ばれたものよりもずっと影響力の大きい要因が残っていることもありますし，影響力の大きい要因を押さえていくと，今まで"ばらつき"の中に埋もれて見えなかった別の要因が見えてくる，といったこともあります．

考えられる変動の要因は無数にあっても，実際に大きな影響を及ぼすのはそのうちのごくわずかに過ぎないということは，パレートの原理として経験的に知られており，別名8：2の法則（変動の大きさの80％は要因のうちの20％によってひき起こされる）として，さまざまな局面で判断に活用されています．重要と考えられる少数の要因を詳細に調べるためにはその他大勢の群小な原因に一つ一つかかわり合ってはいられません．そこでこれらはひとまとめにして"ばらつき"とするのです．

ばらつきのもとでのデータの解析

このような状況で，図3のように二つの条件での品質や性能の差を比較評価したり，図4のようにある要因との相関を見たり，図5のように条件を動かしたときの応答を評価するといったようなことを，実験やデータ収集解析をしながら行うときの留意点についてこれから詳しく見ていきます．

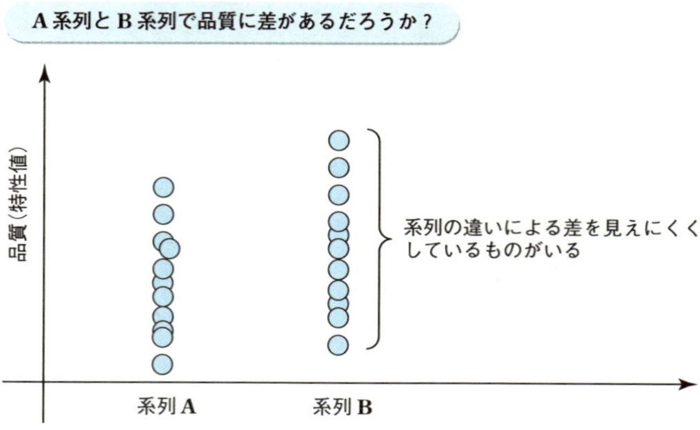

図3 二つの条件差に対する品質の差

図3のように二つの条件の違いを比較するときでも，ばらつきによって差が見えにくくなっていることはよくあります．ひどいときには現実に存在するはずの差異が全く見えなくなったり，あるいは逆にあるはずのない差が，他のばらつきとして扱っている条件の影響によってさも存在するかのように見えてしまうことがあります（第3章）．

また図4のように二つの条件を散布図（XY プロット）に描いて相関の有無を判断する，といったこともよく行われると思います．もし注目している二つの要因間の関係を邪魔するものがなければ図上のデータは非常に規則的な関係で並ぶはずですが通常はそうはなりません．どのような状態を規則性があるとみなして二つの変数の間には関係ありと見なせるか？　これも恣意的にやるととんでもないことになります（第4章）．

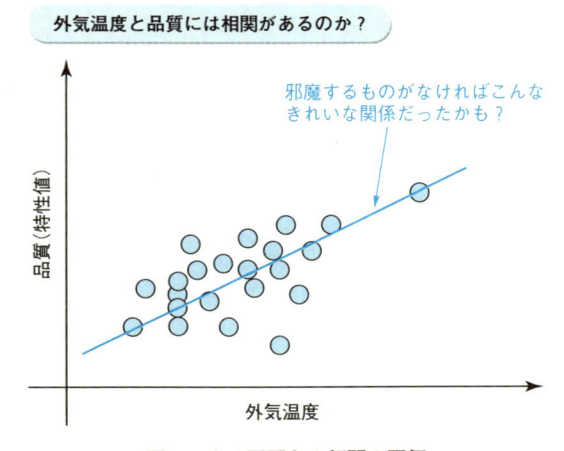

図4　ある要因との相関の評価

図5は，ある操作条件とその応答との関係です．最小2乗法によるあてはめ，としておなじみのやりかたですが，あてはまり具合だけでなく"あてはまらなさ"，つまり当てはめ値と実測値の差異である"残差"にはあまり着目される方がいないように感じています．最小2乗法を使ってよい大切な前提としてこの残差の不規則性というのがありますがそれはなぜか？，そして残差が不規則というのはばらつきの考え方からするとどういうことなのか？　を考えてみます（第5章）．この考え方はさらに二つ以上の要因と結果との関係を評価する重回帰分析などの多変量解析

や，その多変量解析を効率的に行うために実験のパターンを工夫する実験計画法の考え方へとつながっていきますのでそれについてもほんの少しですが触れたいと思います．

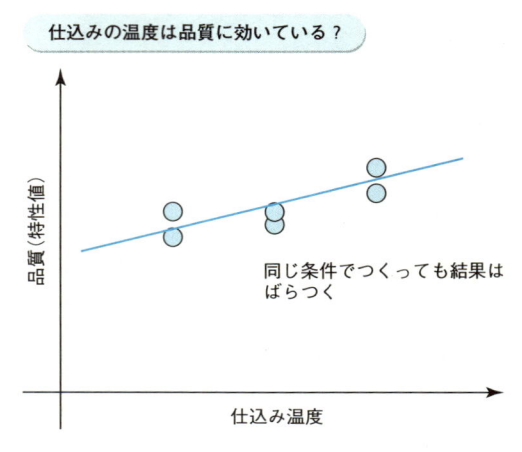

仕込みの温度は品質に効いている？

品質（特性値）

同じ条件でつくっても結果はばらつく

仕込み温度

図 5　条件を動かしたときの特性の応答

1 平均とばらつき

> データが何点か手元にあるとき，機械的に計算できてしまうのが"平均値"や"標準偏差"です．ところがそれを計算することで何がわかるのか？ が意外と理解されていないように思います．そのために平均値を計算しても意味がないのに計算したり，とんでもなく信頼性の低い標準偏差で性能を判断したり，ということがよくあります．そういったわなに陥らないために知っておく価値のあるポイントをここでは論じます．

1・1 平均値・標準偏差を求める目的は？

　私たちは実験や計測などでいくつかのデータを手にしたときに，それらを用いて**平均値**や**標準偏差**などを計算します．ExcelやLotusなどの表計算ソフトが普及した現在では計算も容易になりましたので，ほとんどすべての場合にそうしているのではないでしょうか．

　ではなぜこういった計算が必要で，得られた値にはどういう意味があるのでしょうか？ ここのところが意外と理解されていないためにしばしば無意味な平均値や標準偏差が計算され，誤った判断がなされているように思います．

　たとえば学校で習った標準偏差，これには二つの計算式があります．

$$\text{標準偏差} = \sqrt{\frac{(\text{サンプルの値} - \text{サンプル平均})^2 \text{の総和}}{\text{サンプル数}}} \quad (1\cdot1)$$

$$\text{標準偏差} = \sqrt{\frac{(\text{サンプルの値} - \text{サンプル平均})^2 \text{の総和}}{\text{サンプル数} - 1}} \quad (1\cdot2)$$

　標準偏差の定義は，"それぞれのデータの平均値からの隔たりの2乗を平均したものの平方根"ということです．すると式 (1・1) のようにデータ数 n で割るのが自然なように思えるにもかかわらず，式 (1・2) ではサンプル数より1少ない数で割って平均を取っています．

式 (1・2) のような計算方法がなぜ存在するのか？ あるいはどういった場合に式 (1・2) のような計算方法を用いなければならないのか？ がおわかりの方は以下をお読みいただく必要はありません．

実はこれら平均や標準偏差の計算には二つの全く違った考え方があり，その取り扱う対象が大きく違っています．たまたま二つの考え方で平均値の計算式は同じなのですが，標準偏差の計算ではこのように別の式になります．そこでまずこの考え方を整理してみます．

❶ **たくさんのデータを整理し，代表値を得ることで見通しをよくする（記述統計）**

　国勢調査などで国民全世帯に調査票を配り，すべてのデータを集めた上でそれを整理するために平均や標準偏差を取る．エンジニアリングにおいては全数検査をしている製品品質などはこれに当たる．標準偏差では式 (1・1) を使います．

❷ **少ないサンプルから全体を類推し，今後サンプルをたくさん取ったときの値を予測する（推測統計）**

　たとえば実験で5点のサンプルを得た．これと同一条件でさらに試作を重ねたときに値はどのあたりにくるだろうか？ という予測のために計算．平均値を取るというのはその予測方法の一つなのです．このときは標準偏差の計算に式 (1・2) を使います．

❶の考え方は感覚的に自然ですし，統計というとこの国勢調査を思い浮かべる方が多いのか，本来❷の意味で考えなければならないにもかかわらず全部のデータが得られているかのような取り扱いをついしてしまう，ということになりがちです．それが式 (1・1) と式 (1・2) を区別せずに使ってしまっているということに現れているのでしょう．

取り扱う品質や性能にかかわる大量のデータを取るのは時間的・経済的な制約からなかなかできず，わずか3点や5点のデータから何か意味のある結論を出さなければいけない，という状況にはよく出くわしますので，エンジニアリング的に重要なのは❷の推測統計の考え方です．試作のデータから判断して製品性能は目標に達したか？ であるとか，製造工程からサンプリングしてきたわずか数点のデータから現状の操業で不良品は出ていないか？ といった推測・判断をするのがそれにあたります．

ところが，この推測が有効であるためにはいくつかの前提が満足されていなければなりません．この前提が満足されていないにもかかわらず，高々数個のデータで計算した平均値や標準偏差で議論をしていることがあまりに多いことに驚かされます．

この前提とは

❶ ばらつきのメカニズムがある程度予想でき，データを仮に無数に取ったときの分布形状がどうなるかがおおよそわかっている．

❷ 手元にあるデータは，この分布の中から無作為に（偏りなく）取り出されたと見なしてよいような得られ方をしている．

この二つがいえて初めて，わずか数点のデータであってもそれなりの予測が可能となるのです．もちろんデータが少なければ不確定な度合が大きくなりますから，できればたくさんのデータを取りたいところですが，仮にたくさん取ることが難しいときでもこれら前提を満たしているときにはデータの数に対応した予測値の精度というのも定量的に計算できますので，データをたくさん取ることによるコストアップと，精度の向上のトレードオフを評価して最適な実験数を決めることもできるのです．

そこでこれから，少ないサンプルから全体を予測する "推測統計" の考え方について，大事な実用的ポイントに一つずつ触れていきましょう．

1・2 平均を取る意味があるのは素性のそろったデータどうし

たとえば手元にある 5 個の実験データが，6.8, 7.3, 8.8, 9.1, 15.5 でした．これからこの 5 個の値の平均を計算すると，

$$\text{平均} = \frac{6.8 + 7.3 + 8.8 + 9.1 + 15.5}{5} = 9.5$$

ですが，このように平均値を求めたことで何がわかるのでしょうか？ そのためにはまず大前提として，このデータが何をどういう条件で測定したのか？ がわかっていることが必要です．ここがあやふやだと本来平均してはいけないものどうしを足し合わせてしまうことがあります．この例ではある化学反応で生成する不純物の濃度（wt %）を 5 回の実験で求めているのですが，実はこの不純物濃度は反応温度に敏感で，反応条件をきちんと安定させないとすぐに大きく変動するという問題がありました．そこで各回の反応温度を見てみると

500.2 K　　501.1 K　　499.8 K　　498.7 K　　515.3 K

明らかに最後の実験の条件は他と大きく違っています．結果として不純物組成もこの点だけ 15.5 wt % と飛び抜けて大きくなっています（図 1・1）．

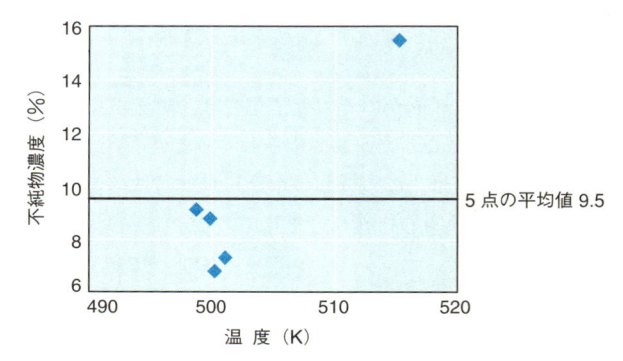

図 1・1 ある化学反応の不純物濃度と反応温度の関係

このように素性の異なるデータを含めて平均値を求めたとしても，それはこの 5 個の実験データを足し合わせて 5 で割った値が 9.5 になったというだけで，それ以上のことは何もわかりません．私たちが知りたいのは"これから同じ実験を繰返したときに結果が大体どのあたりにきそうか"であるとか，"製品中の不純物は（将来つくる製品においても）目標をきちんと下回りそうであるか"といったことですけれども，このように異質なものどうしの平均は，たとえていえばイチゴ 4 粒とリンゴ 1 個の重さを計測して平均しているようなもので，仮に平均値が 206 g と求まってもリンゴがもう 1 個増えれば平均値は全然違ってきます．したがってその値は何を表現しているともいえないわけで，こんなおかしなことはイチゴとリンゴではだれもしないだろうと思えるかも知れませんが，意外と目に見えない条件の違いだとついこんな間違いをしてしまうのです．

1・3　どこまでそろっていれば素性がそろったといってよいのか？

素性をそろえるとはいっても，前節のデータで飛び抜けて離れている 1 点を除いても，

　　　反応温度　　500.2 K，　501.1 K，　499.8 K，　498.7 K
　　　不純物濃度　6.8，　　　7.3，　　　8.8，　　　9.1

ですから，反応温度の条件自体はまだ 2 ℃近くばらついています．神経質な人はこ

1·3 どこまでそろっていれば素性がそろったといってよいのか？

れではまだ条件がそろっているとはいえないのではないか？　と思ってしまうかも知れません．この問題の扱い方は一筋縄では行かないのですが，大まかな判断材料として，

不純物濃度を乱れさせる他の多数の要因の影響に比べて，この反応温度の変動の影響が飛び抜けて大きくないと考えられるとき

これらは同じ素性のものである，と考えます．

　不純物濃度を乱れさせる原因はそれこそ無数で，供給組成の変動や反応時間のずれ，分析における測定誤差その他もろもろのものがあり得ます．これらがいずれも突出することなく不純物濃度に影響しているときには，結果を乱す要素が多すぎるために濃度の振れは予測不可能になり統計的な取り扱いが効果を発揮できるのです．逆にこの反応温度の振れが突出して効いているようであれば，温度の動きから濃度の振れがある程度予測可能ですので，その知見は積極的に利用すべきでしょう．

　ですから，上の四つのデータが素性がそろったものであるかどうかというのは，**"この程度の温度の振れの影響は他の多くの振れの影響に埋もれて見えなくなっている"** ということがいえるかどうかにかかっています．このことを確認するためには温度と不純物濃度との動きに規則的な関係がないことを確認できればよいのです．考えつく要因すべてについて図1・2のように散布図を描き，無関係かどうかを確認することでその確認はできますが，通常そこまでやらなくても大体感覚的にわかるのではないでしょうか．

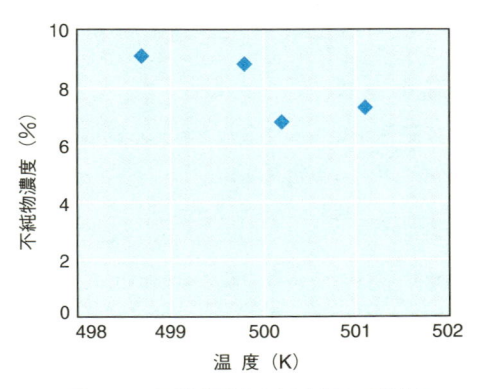

図 1・2　不純物濃度と反応温度の散布図

もし仮にこの反応が温度に非常に敏感で，しかも他の条件は非常によく管理されて安定であったとすると，実は図 1・3 のように温度と濃度との間にははっきりした規則的な関係が出てきてしまうことがあります．このときは実験で設定した温度によって結果が大きく変わることがいえますから平均値を取っても意味がなく，まずはこの温度と濃度との関係を調べることから始めなくてはなりません．このように散布図を描いてみたら意外なものとの間に規則的な関係がみられた，ということもしばしばありますから手間を惜しまず描いてみるのもよいかも知れません．

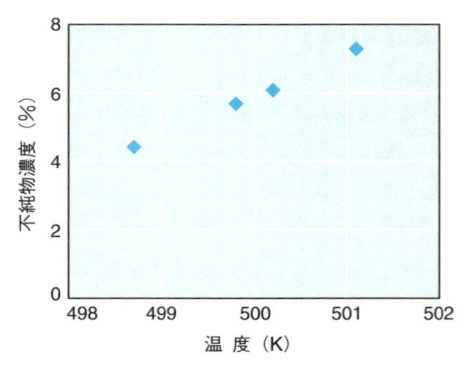

図 1・3　散布図（不純物濃度と反応温度に規則的な関係がある場合）

散布図上の関係が規則的か不規則かの判定は 第 4 章 関係を見極める：相関分析 で議論します．

1・4　求めた平均値の意味

さて，このようにして条件がそろっていると考えられるところから得られたサンプルを用いて初めて検討に値する算術平均値

$$平均 = \frac{6.8 + 7.3 + 8.8 + 9.1}{4} = 8.0$$

が得られました．この平均値はどういう意味をもつのでしょうか？

実はこの値，"この実験条件のもとで，さらに実験を繰返したときに得られる可能性の最も高い値の推定値" になっているのです．そのことをこれからみてみます．

1・4 求めた平均値の意味

一つ一つの実験値はさまざまなばらつきの原因から振れています．ばらつきの原因の中には結果をプラスの方に振らすものもあればマイナスの方に振らすものもあるでしょう．また飛び抜けて結果を大きく振らすものは少なく，実験結果はあるばらつき（分布）をもって散らばっているものと考えられます．

このとき，得られた実験値と全体のばらつき（分布）との関係はどうなっているでしょうか？

全体のばらつきの形状はデータを無数に取らないと実はわからないのですが，たとえば図1・4のような形状になっているものと仮に考えてみます．つまり現在の実験条件でさらにデータを取ることを繰返したとすると，8付近の値を中心にしておよそ6から10の範囲内にくるようにばらつき，しかも8付近の値を取る可能性が最も高い，という形状でこの実験値はばらついているとみるのです．

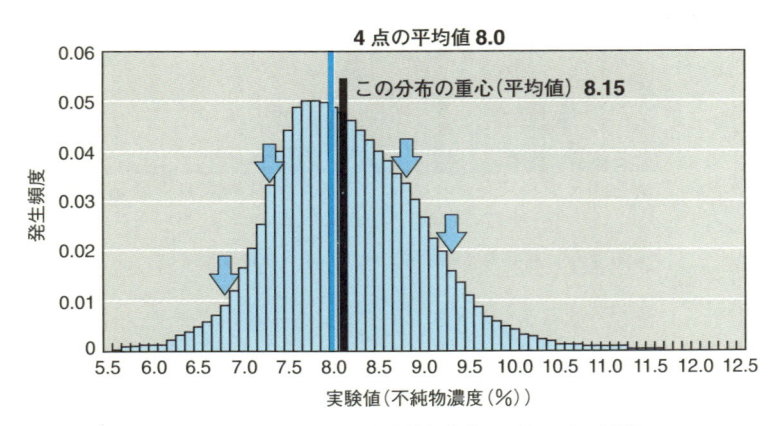

図 1・4　得られた実験値と全体のばらつきの関係1

このようなばらつきをするところから得られたデータの値を矢印で図上に表示してみると，たとえば今回たまたま得られたデータは全体の分布の重心（このばらつきの平均値でもあります）である8.15の左右にバランスよく二つずつ散らばっています．四つの実験値は元のばらつきの中から無作為に得られた値ですから，データが得られる可能性の高い重心の近くで左右にバランスよく散らばるように得られる可能性が最も高いはずです．

このとき，得られたサンプルから計算した平均値は8.0となり，おのおのの1点だけをみたときに比べて，ばらつきの影響を打ち消し合って重心に近づいています．

つまり得られたサンプルから計算した平均値 8.0 は，ばらつきの影響を打ち消し合うことで，それぞれ個々の値（6.8, 7.3, 8.8, 9.1）のどれよりもこの 8.15 に近づいてくれていますので，元の値のどれを 1 点だけ生のまま使うよりも今後得られるデータの推定値（期待値）としては"良い"ものであることが期待されます．

もちろんたった 4 点ではこんなにうまくはいかず，図 1・5 のように右側や左側に 4 点とも偏って得られる可能性もあります．

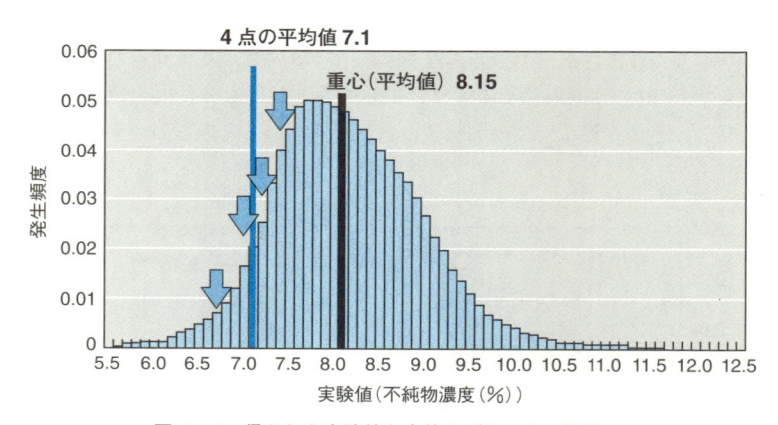

図 1・5 得られた実験値と全体のばらつきの関係 2

このように運が悪いと，求めた平均値が本来得たい 8 付近の値からかけ離れた非常に悪い推定値になってしまうこともないわけではありません．ただこのように大きく外れた平均値にたまたま出くわす可能性はサイコロで 1 の目が続けて 4 回出るようなもので，前の図のように重心を挟んでバランスよく散らばっている場合に比べると小さいであろうと期待されますし，平均を取るサンプル数を増やしていくとますます可能性は小さくなっていくでしょう．

1 点だけの実験だとこの分布からでも，6.2 といった小さな値がたまたま得られるかも知れません．しかし 2 点取って平均値が 6.2 になるようなケースはきわめて珍しいでしょう．20 点くらいサンプルを取れば，**それが偏りなくランダムに取られている限りは**重心から極端に外れた点が平均値として得られることはまずあり得ません．繰返しのサンプルを取って平均を取り，ばらつきの影響を打ち消すというのは，詳しくみるとこういうことなのです．

1・5 サンプル数増加による平均値推定精度の向上効果　　　　15

実際には，私達はこのような元のばらつき（分布）の形状は知りません．4点の実験値があれば，図1・6のように平均を取ったあたりの値に同じ条件であれば今後の実験値もくるであろうと（多少のリスクを負いつつ）判断しているのです．

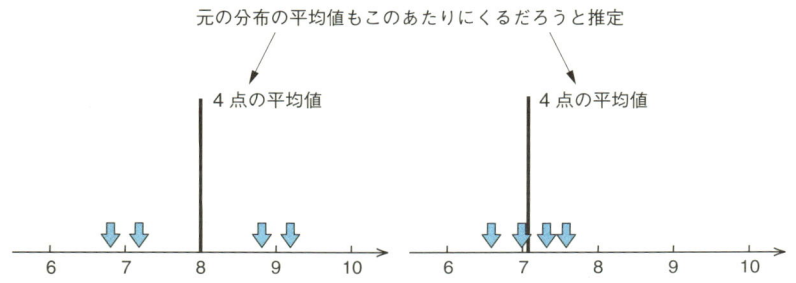

　　　　　　　　　　　元の分布の平均値もこのあたりにくるだろうと推定

　　　　　　4点の平均値　　　　　　　　　　　　4点の平均値

　6　　7　　8　　9　　10　　　　6　　7　　8　　9　　10

同じ条件での実験でも，サンプルの取られ方によって平均値はばらつきます．図1・4のように元の分布がわかっていることは通常あり得ないですから図1・4と図1・5からこのように背後のヒストグラムを消してみます．右側は運悪く平均より小さいサンプルが四つ得られてしまって偏った推定をしているのですが，ここではこの4点の平均値7.1を元の分布と考えるしかありません．このように大きく結果が違ってしまうことを避けるためには，サンプルをさらに増やして平均値のブレを小さくするしか手はありません

図1・6　4点サンプルを取って平均値を推定

1・5　サンプル数増加による平均値推定精度の向上効果

　前の節で，少ないサンプルから求めた平均値は運が悪いとかなり元の分布の重心（本当の意味の平均値）からずれる恐れがあることに触れました．それが気になるのであれば平均を取るサンプル数を増やせば，平均値が極端な値を取る可能性は低下するので間違うリスクは下がるということにも触れました．

　ではそのサンプル数を増やす効果は定量的にはいかほどのものなのでしょうか？ここではそれをみてみます．

　もう一度元の分布として図1・4で想定した不純物濃度の分布を使い，ここからランダムにサンプルを所定数取り出して平均値を計算するシミュレーションを2000回繰返してみました．結果を図1・7に示します．

　サンプルを増やしたときの計算平均値のばらつきのすそ野の広がりにご注目ください．確かに平均値を計算するサンプル数を増やすと計算結果のばらつきは小さくなっています．2点の平均くらいだとあまり小さくならないのですが，4～20点平均のあたりはサンプル数を増やすごとにサンプルの取り方による平均値のばらつき

は顕著に減っていることがわかります．ただ，20点以上になるとしだいにばらつきを減らす効果は鈍くなってきているようです．

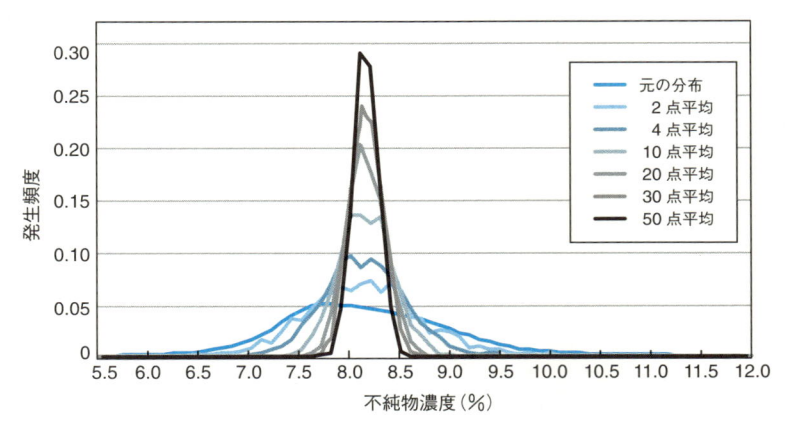

図1・7 サンプル数増加による平均値分布の変化（図1・4の不純物濃度分布を使用）

実は平均値を取るサンプルの数と，平均値のばらつきの大きさとの間には理論的な関係があることがわかっていて，サンプル数をn個とすると，平均値のばらつきの大きさ（標準偏差）は元の分布のばらつきの大きさ（標準偏差）の$1/\sqrt{n}$になります．この関係を図1・8に示してみます．

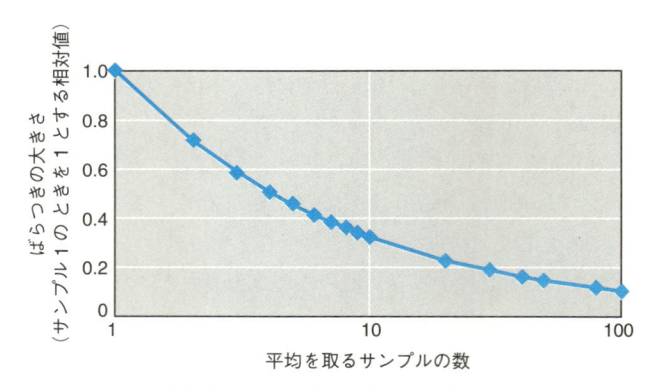

図1・8 平均を取るサンプルの数と平均値のばらつきの大きさの関係

1・5 サンプル数増加による平均値推定精度の向上効果

この図1・8をみると，サンプル数20〜30で平均を取ると，元の分布のばらつきの1/5程度になっていることがわかります．これはどういうことかというと，このようなばらつきをしているところから1点だけデータを取って，その値をもとの分布の重心とみなしたときと比べると，20〜30点から計算した平均値の重心からの揺らぎはその1/5になっているということです．

このグラフはけっこう重要なことを示していて，たとえば2点の平均ではまだ1点だけ取ったときに比べるとわずか30％しか揺らぎは小さくなっておらず，4点取った平均でようやく1/2になること，したがってもとのばらつきが大きいときには2点や4点の平均値ではあまりあてにならない推定しかできていないことを示唆します．あるいはサンプル数を100個に増やしてもばらつきは1点だけのときに比べても1/10にしかなりませんから，サンプルをたくさん取ることによるコスト増のことを考えると20点〜30点くらいの平均を取るのが一番効率的といえそうです．

もう一つ興味深いことがあります．30サンプルの平均値の分布をみてみましょう（図1・9）．元のばらつきは＋側が長く伸びる左右非対称の分布であったにもかかわらず，平均値の分布は左右対称でしかもきれいな釣り鐘状になっています．実はサンプルをたくさん取って平均すると，元のばらつき（分布）形状がどんなものであろうと，平均値の分布は正規分布になる，というメカニズム（**中心極限定理**）があるのです．元の分布形状が極端に左右非対称でなければ，およそ30点くらいのサンプルの平均値は正規分布していると考えてもよいようです．

これが正規分布すると何が嬉しいのか？　は§1・8で議論しています．

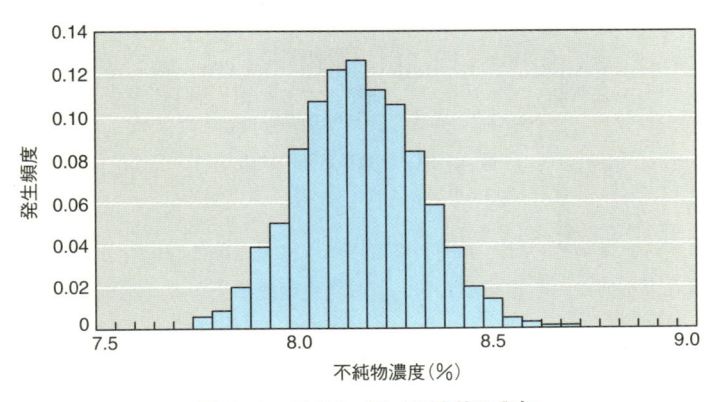

図 1・9 30サンプルの平均値の分布

1・6　ばらつきの大きさ（分散と標準偏差）の推算

　ここで議論しているデータのばらつきについては元の分布の平均値の大きさも問題ですが，もう一つ元の分布のばらつきの大きさも評価しなければなりません．同じ平均値8.4でも，ばらつきの大きさが違うと得られるデータの散らばり具合がかなり違ってきてしまい，上で示したような平均値の推算の信頼幅もかなり違ってきてしまうのです．さて，今までの議論ではこのばらつきの大きさもすでにわかっているように書きましたが，実際はデータからこれも推定しなければなりません．

　通常，ばらつきの大きさの尺度としてはつぎに示す分散を使います．

　　　　分散 ＝ ［データの重心（平均値）からの隔たりの大きさ］^{2} の平均値

§1・4で考えたちょっとひずんだある不純物濃度の分布で無限個のデータを使って計算してみるとつぎのようになりました．

　　　　分散 ＝ ［(重心からの距離)^2 ×その値の発生頻度］の総和 ＝ 0.71

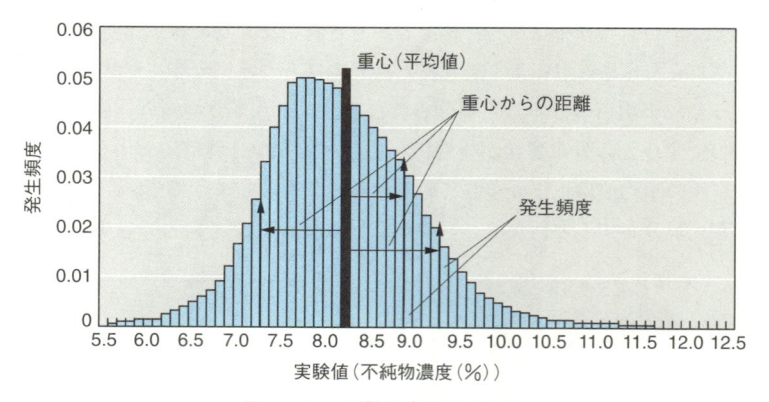

図 1・10　分散推定値の求め方

　これが大きければ大きいほどデータのばらつきは大きいことになります．ばらつきが大きければ重心からの距離が大きい値の発生頻度が大きく，結果的に分散も大きくなるからです．

　実際にばらつきの大きさを表現するためには，この分散の平方根を取った値である標準偏差を用いることが多いです．これは分散の単位が元の値の単位の2乗に

1・6 ばらつきの大きさ（分散と標準偏差）の推算

なっているためで，これの平方根を取ることで元の値と同じ単位になりますので比較が容易となります．ただ，これから示すような種々の計算は伝統的に分散を使って行われるため，以下の議論も分散を用いて行います．

さて，私たちにはこのもとの分布を直接知るすべはありませんから，この分散の大きさについても手元のデータから推算するしかありません．その推算式がどのようになるかみてみましょう．

単純に考えると，分散の計算式に手持ちのデータを当てはめて値を求め，その値を推定値にすればよさそうです．そこでそうやって計算してみると，§1・3で得られた4点のデータではこのようになりました．

4点の値 6.8, 7.3, 8.8, 9.1（4点の平均値 8.0）より

$$\text{分散の推定値} = \frac{(6.8-8.0)^2 + (7.3-8.0)^2 + (8.8-8.0)^2 + (9.1-8.0)^2}{4}$$
$$= 0.945$$

予想されたことではありますが，サンプルから計算した値は元の分布の分散（無限のデータから計算した値）0.71 とはかなり違っています．もう一度サンプルを取り直せばまた違った推定値が得られるでしょう．そこでそれがどのくらいばらつくものなのか？，またばらつきの形状はどうなるのかをみるためにまたシミュレーションをしてみます．図1・10の分布に応じたサンプルを4点発生させ，上の計算式で分散の推定値を 10000 回繰返し計算させてみました．結果を図1・11に示します．

この計算式で推定すると，多くの場合に元の分布の分散の値よりもかなり小さな値が得られることがわかります．元の分布の分散値 0.71 より大きい値を取ったも

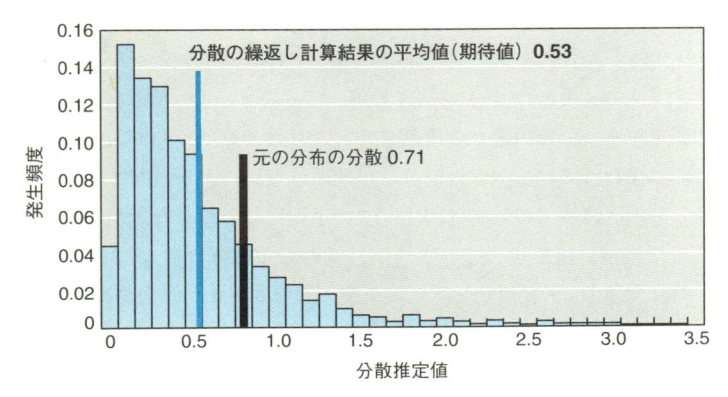

図 1・11 分散推定値の分布（図1・10の場合）

のは全体の25％しかなく，得られた全部の推定値の平均は0.53でした．つまりこの計算式で分散を推定するとかなり過少に分散を見積もってしまう可能性が高いのです．

なぜそんなことが起こるのか考えてみると，ばらつきの大きさを測る基準となる平均値（重心）に，サンプルから計算した平均値を使っていることに気付きます．つまり本来であれば元の分布の重心でなければならないところの値に，手持ちのサンプルの重心となる値を使っていますから，図1・12でみるように常に過小評価の計算をしてしまう可能性が高いのです．

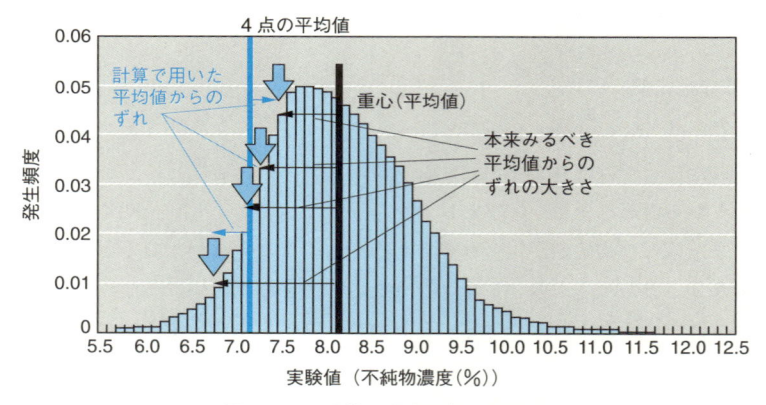

図 1・12　分散を過小評価する理由

この問題を回避するために，分散の推定をする計算式を見直します．サンプル数4で割るのでなく，それより小さい数で割ってやれば値は大きくなるでしょう．そこで，サンプル数より一つ小さい数3で割ってみます．（サンプル数より一つ少ない数には意味があって**自由度**とよばれます．これはサンプルのうち1個は位置を固定するために使われてばらつきの計算には使われないことからきています．）

今度は分散の計算結果の分布は図1・13のようになりました．相変わらず小さい方にひずんだ分布形状を示していますが，元の分布の分散値0.71より大きい値を取ったものは全体の38％とややバランスがよくなり，また推定値の平均は0.71で元の分布の分散の値に一致しました．ただ大きい方に長い裾野を引いているので平均値は確かに一致しましたが，まだかなりの確率で元の分散0.71より小さい値を取ってしまいます．

1・6 ばらつきの大きさ（分散と標準偏差）の推算

つまりサンプル数でなくサンプル数よりも1小さい自由度で割ることによって，元の分散よりもとんでもなく大きい値を取るわずかな確率と，元の分散よりも小さめの値を取る高い確率とが平均されて，得られたデータから計算した分散の大きさの期待値（平均）としては元の分散 0.71 と一致するというわけです（このように期待値が元の値に一致しているので"**不偏推定量**"といいます）．

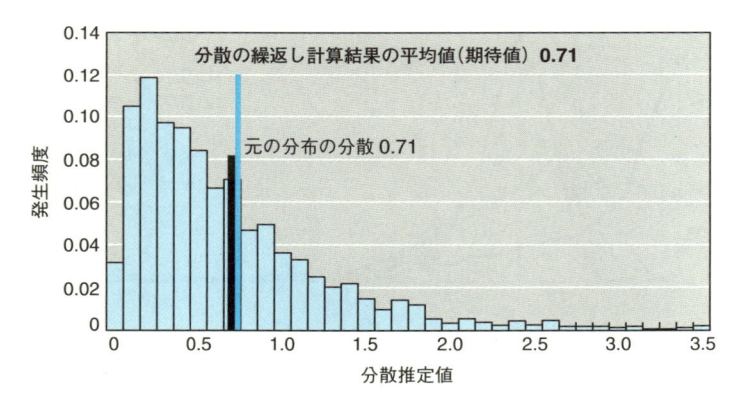

図 1・13　分散推定値の分布（図1・10の場合，自由度3）

まだかなり小さめの値が得られる確率の方が多いので，いくら期待値が元の値に一致しているとはいってもこれで本当によいのか疑問なしとはしませんが，これより良い推算方法もなさそうですし，先ほどのようにサンプル数で単純に割って求めた値よりはよい推定値になっているだろうということで，通常はこのように（サンプルの値－サンプルの平均）の2乗和を自由度で割ったものが元の分散の推定値とするのです．

4点の値 6.8, 7.3, 8.8, 9.1（4点の平均値 8.0）より

$$\text{分散の推定値} = \frac{(6.8-8.0)^2 + (7.3-8.0)^2 + (8.8-8.0)^2 + (9.1-8.0)^2}{3} = 1.26$$

一般に少ないサンプルからの元の分布の分散の推定は

$$\text{分散の推定値} = \frac{(\text{サンプルの値}-\text{サンプル平均})^2 \text{の総和}}{\text{サンプル数}-1}$$

として計算します．

1・7　分散値のサンプル依存性

平均値の推算以上に，ばらつきの大きさの尺度である分散を推算する計算結果はかなり変動が大きいことがわかりました．ばらつきを減らすためにはサンプル数を増やせばよいので，その効果を先ほどと同じシミュレーションで見積もってみましょう（図1・14）．

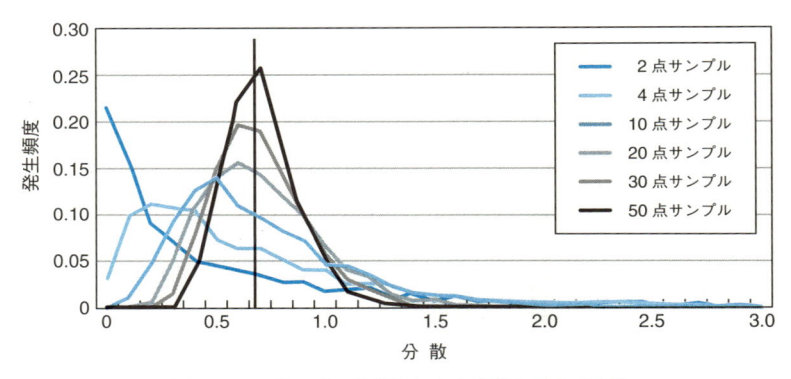

図 1・14　サンプル数増加による分散の分布の変化

分散を計算するサンプルの数が多くても少なくても，いずれも計算された分散の期待値（平均値）は 0.71 に近い値ですが，サンプル数が少ないときには小さい側に大きくひずんだ分布になっています．2点のときなどはほとんど0に近い分散が求まる可能性が一番高いということを示しています（重心近くから2点がたまたま選ばれる確率が一番大きいのでこうなります）．ところが20点くらいまでサンプルを増やすとこのようなひずみがかなり解消され，元の分布の分散 0.71 を中心にした左右対称に近いばらつき形状を示しています．またここでも興味深いことに30点から50点にサンプルを増やしてもあまりばらつきは小さくなりません．こういったところからも推定精度の向上とサンプルを増やすことによるコスト増のトレードオフを考慮した 20〜30 点というのが繰返しサンプルを取るときの良い目安となっています．

分散だけでなく，標準偏差についてもサンプル数によるばらつき具合をみてみます（図1・15）．

平方根を取ると若干左右非対称のひずみが軽減されますが，それでもサンプル2点で求めた標準偏差はかなりひずんでいます．4点でも元の値より小さな標準偏差

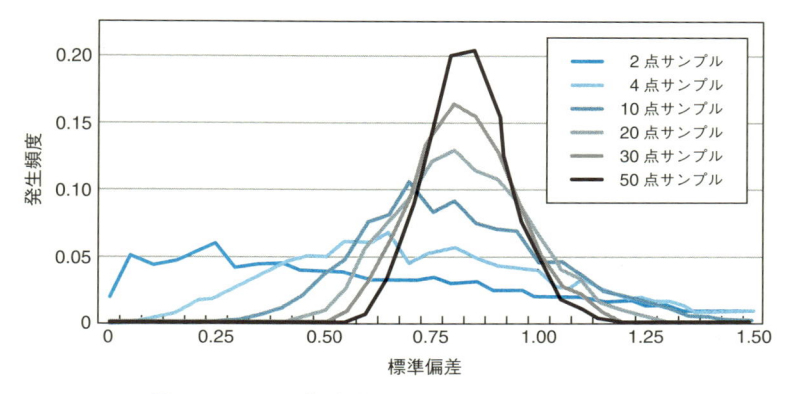

図 1・15　サンプル数増加による標準偏差の分布の変化

が計算値として得られる可能性はかなり高く，得られた標準偏差の推算値はかなり注意して取り扱う必要があります．（計算値をうのみにせず，実際はもう少し大きい可能性を頭の片隅に留めておく．）

1・8　正規分布のメカニズム

§1・5で，元のばらつき形状が何であれたくさんのデータが足し合わされると，結果のばらつきは釣り鐘状の**正規分布**になることに30点のサンプルの平均値での計算結果を題材に触れました．正規分布というのは統計の授業でおなじみだと思います．いろいろな場面で耳にすることが多いと思いますが，それには理由があるのです．

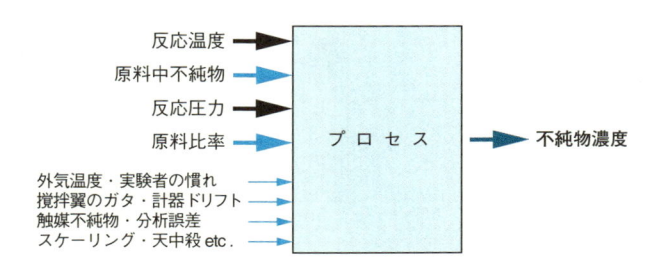

図 1・16　結果を乱す要因が無数にあるプロセス

図 1・16 に示したように，結果を乱す要因が無数にあり，それらのどれも突出していないということが §1・2 でサンプルの条件がそろっていることの前提としました．もちろん結果を乱す要因の中でも，反応温度や原料不純物・圧力などはそれぞれいろいろなばらつき方をしているはずです．制御されているものであれば 1 点のまわりに集中していますし，原料などは切り替わったところで大きく不純物の濃度は変わるでしょうから，原料の違いに応じた山がいくつかあるようなばらつきになるかも知れません．また外気温度のように 1 日周期でサイクリックに変動しているものもあります．ですが，それらのばらつきがどれも突出して結果に対して効いていないときには，無数に足し合わさった外乱変動の効果の結果は多くの場合釣り鐘状の正規分布なります．

足し合わさると正規分布になるわかりやすい例としてサイコロを 20 個一度に投げて，出た目の平均を取るというケースを考えてみましょう．これは一つ一つのサイコロが図 1・16 の左側の個々のばらつき原因にあたり，それらが足し合わさって結果のばらつきになるという良いモデルになります．

いかさまでない限り，サイコロの目は 1〜6 のいずれかが等確率で出ることがわかっています．では 20 個のサイコロの目の平均値はどうなるでしょうか．

これを確認するために 10000 回 20 個のサイコロを投げることを繰返し，各回の出た目の平均値を求めたときのヒストグラムを図 1・17 に示します．サイコロの目の平均値である 3.5 を中心としたきれいな釣り鐘状になっていることがあきらかにみて取れるのではないかと思います．

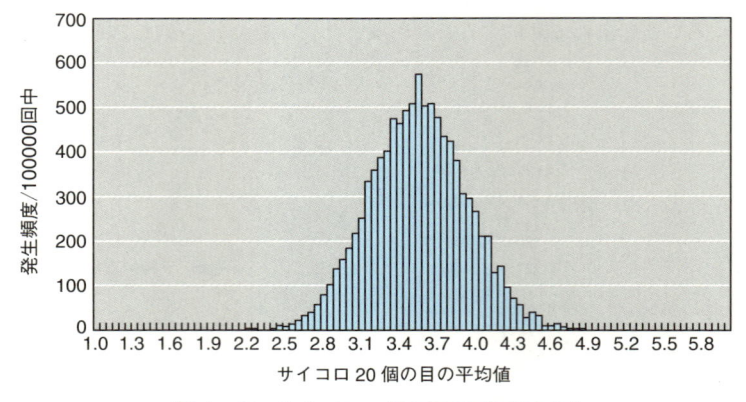

図 1・17 サイコロ 20 個の目の平均値の分布

1・8 正規分布のメカニズム

たとえば，20個のサイコロがすべて1の目を出さないと平均値は1になりませんし，すべて6でないと平均値は6にはなりません．そういった極端な値を取る確率というのは非常に低く，実際10000回実験しても一度も出ませんでした．現実にはあるサイコロで大きな目が出れば別のサイコロでは小さな目も出るということで，大体3.5（サイコロの目1～6の平均）をピークとした左右対称の釣り鐘状の分布になるというのは納得のいく結果ではないでしょうか？ 2個や3個のサイコロの平均だとこのようにきれいな釣り鐘状にはなりませんが，サイコロの数が増えてくると極端な値は取り得ず，しだいに釣り鐘型分布に近づいていくのです．

これと同じように，無数の変動要因が打ち消し合って結果のばらつきになっているプロセスでは正規分布状に結果はばらつくことが多くなります．正規分布にならない代表的なケースは第2章でふれますが，これら特別な理由がない限り正規分布と見なしてよいことがほとんどです．

では，ばらつきが正規分布と見なせることで何が良いのでしょうか？

分布の形状が決まるということは，値を取る範囲の確率を求めることができるということです．正規分布の場合はそれが調べ尽くされていて，その知見をそのまま活用することができます．つまりもし，ばらつきが正規分布であった場合，その平均 μ と標準偏差 σ が決まれば分布の形が決まり，平均値の前後 $\mu - \sigma$ と $\mu + \sigma$ の間には全体のサンプルの68.2%が，$\mu - 2\sigma$ と $\mu + 2\sigma$ の間にはサンプルの95.4%が含まれるということが"理論的に"わかっているのです．

この結果として，図1・4でみたような正規分布でない分布でばらついているところから取り出された30点のサンプルの平均値でも，平均が8.15，標準偏差が0.15（元の分布の標準偏差 $\sigma = \sqrt{0.71} = 0.84$ の $1/\sqrt{30}$ に相当）の正規分布状にばらついたところから得られるとみなすことができますから，サンプルから計算した平均値が8.0から8.3の間にたまたまなる確率は68.2%（$\pm 1\sigma$），7.85から8.45の間になる確率は95.4%（$\pm 2\sigma$）ということが（もし元の平均と分散がわかっていれば）判断できるのです．逆にたとえば30点から計算で得られた平均値が90%の確率で含まれる範囲というのは平均値8.15の ± 0.25（標準偏差0.15の1.64倍）といったことも定量的に評価できます．つまり計算した平均値がどの程度信用できそうか？ が確率として得られるのです．

これがもし正規分布でなく，もとのばらつきの分布の形状に応じて計算した平均値はさまざまな分布になるということになると，その分布ごとに取りうる確率は違ってきますからこのような統一的な扱いはできません．

1・9 実際の平均値の揺らぎの推算の仕方

現実には元のばらつきの平均値も標準偏差もわからないからデータを取って推定しようとしているので，§1・8のように天下り的にうまくはいきません．そこでつぎのように考えます．

たとえば30個のサンプルから得られた平均値が8.0であれば，これらのサンプルを取り出した元の平均値も8.0である可能性が最も高く，それから離れるほど可能性はどんどん低くなっていくというのは妥当な推算ではないでしょうか．そこで図1・18には背後に平均値の異なるさまざまな元のばらつきの可能性を想定し，今回30個のサンプルの平均値を計算して得られた値から，背後に想定したもののうちで，どの分布が一番ふさわしいか（可能性としてありそうか）を確率として表すのです．

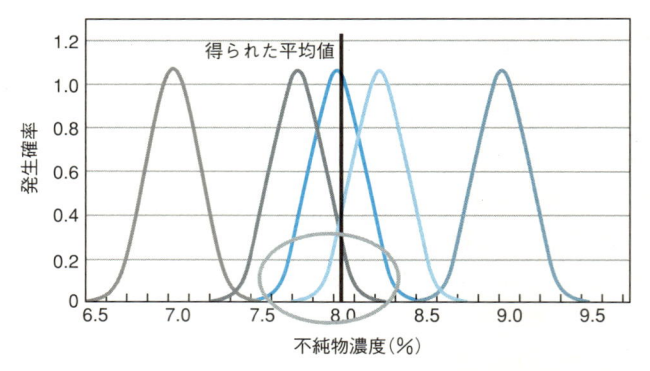

図 1・18 背後にさまざまな分布を想定し，得られた平均値がどれから取れたかを検討する

実際に得られたサンプル平均値が8.0だったときに図1・18よりわかることは，元の平均値も8.0である可能性が最も高く，そこから離れれば離れるほど可能性は低くなるということです．元の分布の平均値が7.75であったときにたまたまサンプル平均値8が得られるケースや，元の平均値が8.25だったときにサンプル平均値が8になることは図でサンプル平均の分布のすそが8.0のところにかかっていることから可能性としてはあり得ますが，元の平均が7や9であったとすると，サンプルから8.0という平均値が得られることはまずあり得ないということが分布のす

そ野と 8.0 との重なり具合からわかります．この図のように背後の分布を想定すると，元の平均値の範囲は 95％の確率で 7.7～8.3 の範囲に入るというふうに，どれくらい結果が当てになるかが定量的に計算できます．

実際にはもとの分布の重心の位置（平均値）だけでなくばらつきの大きさ（分散）も未知なので，やるべきことのより正確なイメージを描くと図 1・19 のようになるでしょうか？　この中からどれが一番もっともらしいかを選び出すのが統計的な推定ということになります．ただ，両方不確定のままの取り扱いをすると評価が非常に難しいので，通常はばらつきの大きさ（標準偏差）はデータから計算した推定値を使い，ばらつきの大きさは一定として図 1・18 のようにして考えることがほとんどです．

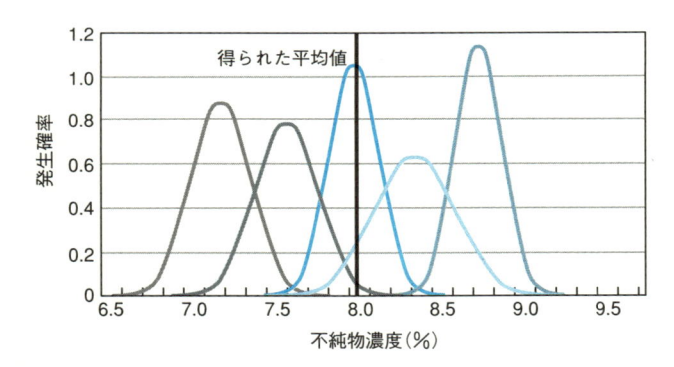

図 1・19　図 1・18 に重心の位置（平均値）だけでなくばらつきの大きさ（分散）が異なった候補も加えどれが妥当かを検討する

ただしここで注意していただきたいのは，§1・6 や §1・7 でみたように標準偏差の推算値は特にサンプルが少ないときには，元の分布の標準偏差に比べて小さめに見積もられる可能性が高く，しかも傾向としては小さ目にずれる確率が高いということです．30 サンプルくらいを使った計算値であればそれほど問題にはなりませんが，3～5 サンプル程度の少ないサンプルで標準偏差の推定をすると，小さ目に評価を誤ってしまう危険性があります．つまり図 1・18 で，正確な標準偏差のときよりも推算した標準偏差が小さいために，想定している背後の分布の広がりも小さくなってしまう，すなわちばらつきの過小評価のために平均値の信頼区間幅も狭

く見積もられてしまう危険性が高まるのです．そこで，特にサンプルが少ないときには少し評価の幅を広めに取ることを考える必要があります．単純に計算した標準偏差の値を水増しして大きくするのでは芸がありませんので，理論的に妥当なものとなるように分布の形状を変えてやるのです．サンプル数が少ないときほど不確定性が大きくなりますので，この形状はサンプル数に依存して図 1・20 のようになります．

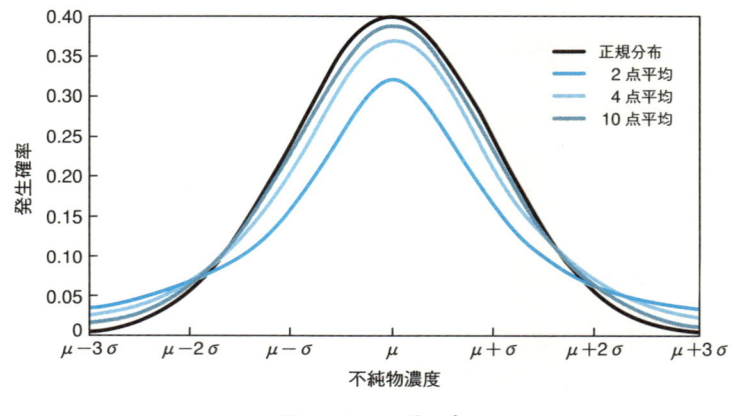

図 1・20　t 分 布

　この正規分布よりも両端が広がった分布は **t 分布**とよばれ，サンプルの数に応じて形状が変化し，サンプル数が増えてくると形状は正規分布に近づいていきます．これは §1・7 の図 1・15 でわかるようにサンプルが増えるに従って計算された標準偏差の揺らぎが小さく，かつ小さい値を取る可能性の方が高いひずみが減って予測の精度が上がっていることに対応します．実用上はサンプルが 20 個もあれば t 分布でなく，正規分布と考えてもほとんど差はないでしょう．
　したがって，具体的な計算の方法としてはつぎのようになります．
　　❶ 得られたサンプルを使って平均値と標準偏差を求めます．
　　❷ 標準偏差は一応正しいものと考え，この値の低めの評価リスク対策としてサンプル数に応じた t 分布を採用します（標準偏差の不確定性をこれでカバーするのです）．
　　❸ この t 分布のもとで，平均値の信頼区間を計算します．

1・9 実際の平均値の揺らぎの推算の仕方

図 1・21 では，サンプル数が 4 個で，その平均値が 8.0 の時にこの t 分布を描いたケースを示します．

4 点の値 6.8，7.3，8.8，9.1（4 点の平均値 8.0）より

$$\text{分散の推定値} = \frac{(6.8-8.0)^2 + (7.3-8.0)^2 + (8.8-8.0)^2 + (9.1-8.0)^2}{3} = 1.26$$

$$\text{標準偏差の推定値} = \sqrt{\text{分散の推定値}} = 1.12$$

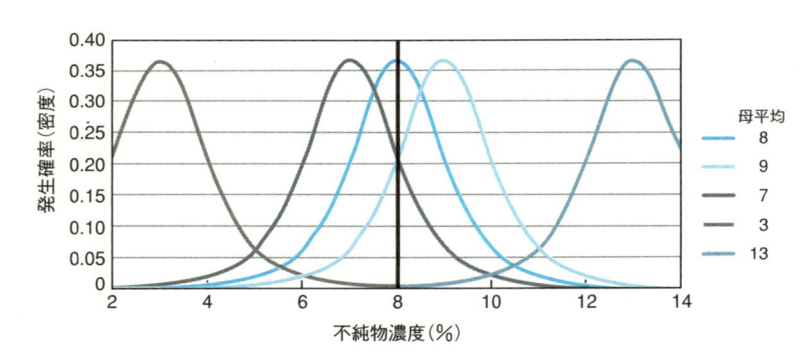

図 1・21 サンプル数 4 個，平均値 8.0 のときの t 分布

正規分布を使った図とほとんど見分けはつかないとは思いますが，若干両端のすそ野は広くなっていますので，正規分布のときよりも，離れた平均値を取っている分布のすそ野が 8.0 にかかる確率は高くなっています．

真の平均値がわれわれはわかりませんので仮に 8.5 であったとしましょう．そのときにそこから得たサンプル 4 個で求めた平均値が 8.0 よりも小さくなる確率をつぎのように求めます．

　　平均値が 8.0 よりも小さくなる確率
　　　 = 4 個のサンプル（自由度 3）で，
　　　　真の平均値 8.5 から 0.5 以上小さく離れた値を取る確率
　　　 = 自由度 3 の t 分布で平均から 0.446 σ（= 0.5/1.12）以上離れた値を取る片側確率
　　　 = 0.343（正規分布であれば平均から 0.446 σ 以上離れる確率は 0.328 ですので，やや小さくなります）

同様にして，仮に真の平均値が 9.0 であったとするとつぎのようになります．

平均値が 8.0 よりも小さくなる確率
　= 4 個のサンプル（自由度 3）で，
　　　真の平均値 9.0 から 1.0 以上小さく離れた値を取る確率
　= 自由度 3 の t 分布で
　　　平均から 0.89σ ($= 1.0/1.12$) 以上離れた値を取る片側確率
　= 0.216（正規分布であれば平均から 0.89σ 以上離れる確率は 0.186 です
　　　ので，やや小さくなります）

他方，真の平均値が 7.5 であったとすると，
　サンプル平均値が 8.0 よりも小さくなる確率
　= 4 個のサンプル（自由度 3）で，
　　　真の平均値 7.5 から 0.5 以上大きく離れた値を取る確率
　= 自由度 3 の t 分布で
　　　平均から 0.446σ ($= 0.5/1.12$) 以上離れた値を取る片側確率
　= 0.343

という具合にサンプル平均値 8.0 に対し，真の平均値が 7.5 である確率と 8.5 である確率は，t 分布が左右対称であることからわかるように等価です．しかも真の平均値とサンプル平均値との差，およびサンプル平均の標準偏差の大きさだけが確率を決めていますから，結局のところ

$$\frac{\text{サンプルから求めた平均値} - \text{元の分布の平均値}}{\text{サンプルから求めた標準偏差}}$$

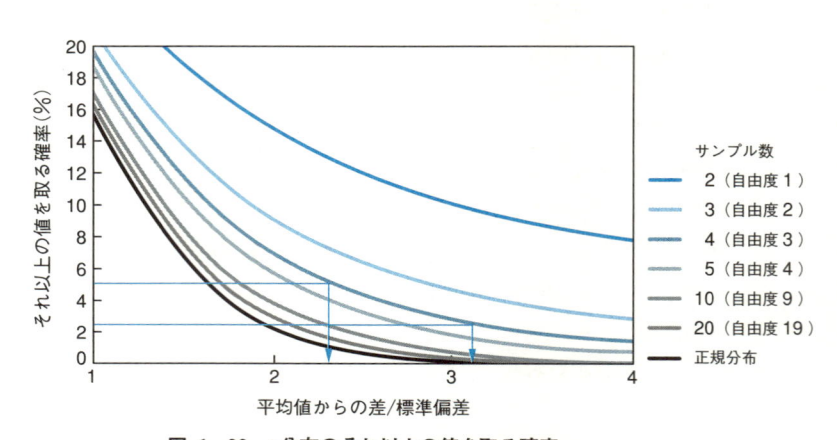

図 1・22　t 分布のそれ以上の値を取る確率

を計算すると，この大きさから元の分布の平均値の範囲が図1・22からある確率をもって評価できます．

今はサンプル4点の平均を取っていますから，図のサンプル数4の線を見ることになります．このとき，それ以上の値を取る確率が5%以下になる値は図より標準偏差の2.3倍ということがわかります．サンプルから求めた平均値が8.0，標準偏差が1.12（いずれも推定値）でしたので，両端に5%ずつ，計10%のはみだす可能性を残して90%の確率で元の分布の平均値はこの範囲内に入ることになります．

$$\left|\frac{\text{サンプルから求めた平均値}-\text{元の分布の平均値}}{\text{サンプルから求めた標準偏差}}\right| = \left|\frac{8.0-\text{元の分布の平均値}}{1.12}\right| \leq 2.3$$

式を変形して，元の分布の平均値が90%の確率で収まる範囲は

$5.4 = 8.0 - 1.12 \times 2.3 \leq$ 元の分布の平均値 $\leq 8.0 + 1.12 \times 2.3 = 10.6$

95%の確率で収まる範囲は図の縦軸で2.5%のところにくる値3.2を取って

$4.4 = 8.0 - 1.12 \times 3.2 \leq$ 元の分布の平均値 $\leq 8.0 + 1.12 \times 3.2 = 11.6$

となります．

一般的な式で書くと，元の分布の平均値がα%の確率で収まる範囲は

$$\text{サンプル平均} - \text{サンプル標準偏差} \times P \leq \text{元の分布の平均値} \leq \text{サンプル平均} + \text{サンプル標準偏差} \times P$$

P：ある自由度（サンプル数-1）のt分布で片側確率が$(100-\frac{\alpha}{2})$%以上を取る確率

となり，サンプル数が十分にあるときは（　）の中の部分が，片側確率が$(100-\frac{\alpha}{2})$%以上を取る正規分布の確率に置き換えて考えることができます．

このようにして，得られたサンプルから計算したサンプルの平均値と標準偏差から，このサンプルが得られたもとの分布の平均値が確率的にどの範囲に入るのか，を評価できるのです．本来であればもとの分布の標準偏差についてもこのような信頼区間幅による評価方法がほしいところですが，取り扱いが難しいからか紹介されている教科書を私はみたことがありません．

まあ，推奨しているように20～30個のサンプルから計算している限りは，それほど揺らぎを大きく気にする必要はないと思いますし，逆に2～4個くらいのサンプルで評価するときは今まで示したような方法で統計的に評価したところでほとんど結果は当てにならない（信頼区間がものすごく広くなる）という結論しか出ないでしょうから，実践的にはあまりこだわる必要はないのかも知れません．

● 2点繰返し平均は気休め？ ●

1点の測定値だけで結果を判断するのには抵抗があり，さりとて実験を繰返すとコストがかかるのであまり実験数は増やしたくない，このジレンマを解消するために，必要最低限の繰返しとして2回繰返し測定や実験をしているケースがよくあります．ただ，本文でみたように2点測定での平均や分散（標準偏差）はかなり大きくばらつきます．平均 μ，標準偏差 σ の正規分布のばらつきから2点を取ったときの平均値を見ても，図1・23のようにかなり幅のあるばらつきを示します．

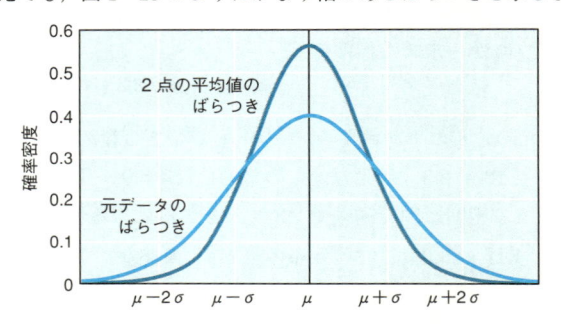

図1・23　2点の平均値のばらつき

これを見る限り，2点の平均を取ったとしても，元の平均 μ からはかなり離れた値を取る可能性がまだまだあります．1点だけで判断するよりは多少は良くなっているとはいえ，そんなに劇的な改善ではありません．ですから元データのばらつきの大きさ（標準偏差）σ が十分に小さければよいのですが，これが大きいときには2点の平均を取ったからといってそれが元の平均 μ の推定値と考えるのにはかなり無理があると思います．

ばらつきの原因を十分に抑え，計測がかなり精度良くできるようになったときに，繰返し測定が精度良くできているかどうかの確認であれば，この2点の繰返し測定は有効です（2回目の測定も1回目とほとんどずれがないことを確認することを目的とする）．ですが，もし2回目の測定がいつも1回目とは似ても似つかないくらい差が出るような場合にはもう少し繰返し点を取った方がよいでしょう．

● ヒストグラムを描こう ●

Excelなどの表計算のソフトを使っても結構ヒストグラムをつくるのは面倒ですし，あるいはヒストグラムを描けるほど十分な数のデータがなくてきれいに描けないということが多いためか，あまりヒストグラムをつくって議論しているケースに

はお目にかかりません．しかし多少面倒でもデータが 40～50 個以上あるときは整理して描いてみるとその形状からいろいろなことがわかります．

描き方はつぎの通りです．

❶ データの最大値と最小値を取り出し，それらが収まるような区切りの良い範囲を決める．

　　　例：50 個のデータの最小値　6.87，最大値　28.04，平均値 18.0
　　　　　　→ 取りあえず範囲を 5～30 としてみる．

❷ データの区切り幅を決める．試行錯誤的にグラフがきれいに見える刻みを探してみてもよいが，一般にはつぎの公式などで目安を得る．

$$\text{刻みの数} = 1 + \frac{\log_{10}(N)}{\log_{10}(2)} \quad \text{スタージェスの公式 （}N\text{はデータの数)}$$

例：データが 50 個なので，スタージェスの式に入れて刻みの数は 7 が推奨値．
　　そこで上の 5～30 を 7 分割すると刻み幅は 25/7 = 3.57 切りの良い数字として 4 を採用．刻み目が切りがよくなるように範囲を 4～32 とする．これでつくってみて目が粗すぎれば，刻み幅を 3 にして 6～30 とする（8 刻みになるが）．

同じデータでも区切りの切り方によってずいぶん印象が違ってきます．あまり区切りが細かいと必要以上に凸凹の多いヒストグラムになりますし，粗いと分布形状がよく見えてきません（図 1・24 参照）．スタージェスの公式にのっとった左上のグラフが，平均値の 18.0 が中央にきてバランスもよく，ベストなヒストグラムではないかと思われます．

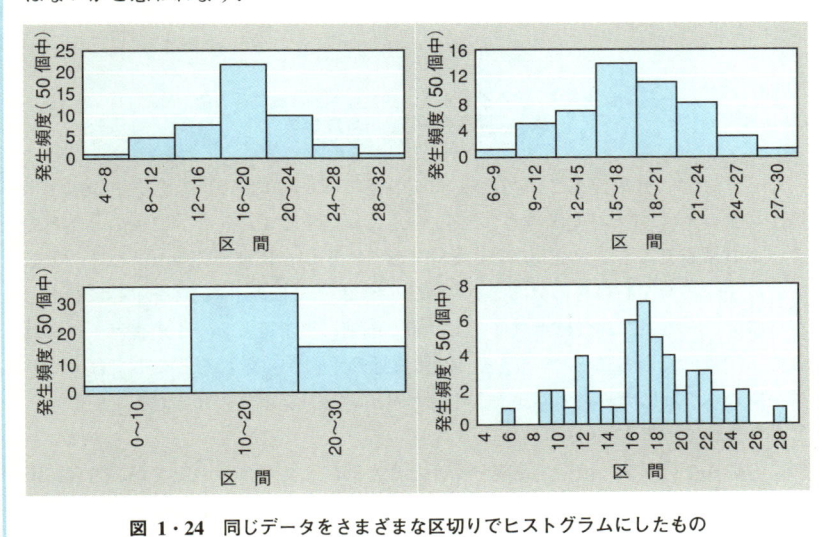

図 1・24　同じデータをさまざまな区切りでヒストグラムにしたもの

● 正規確率プロットは使える！ ●

　ヒストグラムを描くのは面倒ですし，得られた分布が本当に正規分布に近いかどうかの判定がなかなか難しいという問題があります．また二つの分布の形を比較して，似たような分布形状であるか否かの判定をしたいことがよくありますが，分布の重ね合わせ比較もそう簡単にはいきません．

　何かもっと手軽に分布形状を評価できる道具はないでしょうか？　それがこれからご紹介する**正規確率プロット**です．

　平均10，標準偏差2で正規分布状にばらついているデータを1000個発生させて，それを小さい順に並べてみます．縦軸にそのサンプルが小さい方から数えて何％の位置に当たるかの値を，横軸にデータの値を取ってグラフを描いてみると図1・25のようになりました．

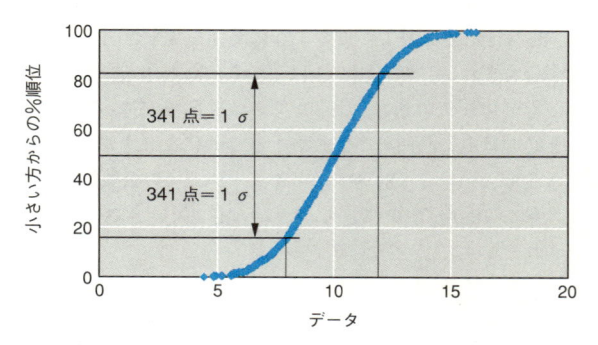

図 1・25　データを小さい順に並べ，横軸にその値，縦軸に順序をプロットしたもの

　ちょうどデータ数の1/2に当たる50％のところ（500番目）のデータの値がほぼ平均値の10になっていますし，$\pm 1\sigma$の点に相当する15.9％と84.1％のところのデータの値を見ると8と12にほぼなっており，平均±標準偏差＝10±2に一致しています．また左右対称の分布をきちんと示すようにこの平均10を中心に右上と左下のデータの並び具合は点対称です．また両端に至るほどデータの密度（得られる確率）は低くなることは，0％や100％付近の平均から離れたところでは一つ順番が変わるごとにデータの値が大きく変わっている（グラフの傾きが寝ている）ことから確認できます．

　このようなグラフを描いて正規分布かどうか確認してもよいのですが，さらに工夫をしてこの線が直線となるようにしましょう．縦軸の両端を適当な尺度で引き延ばしてやればよいのです．

正規分布であれば上で示したように 15.9％と 84.1％が±1σ，また 2.3％と 97.8％が±2σ ということがわかっています．そこで縦軸を，図 1・26 のような順位ではなく，この順位のデータが標準偏差の何倍に当たるかの数値に変換すると図 1・26 のようになり，正規分布状にばらつくデータであればこのようにプロットすることで一直線に乗ります．

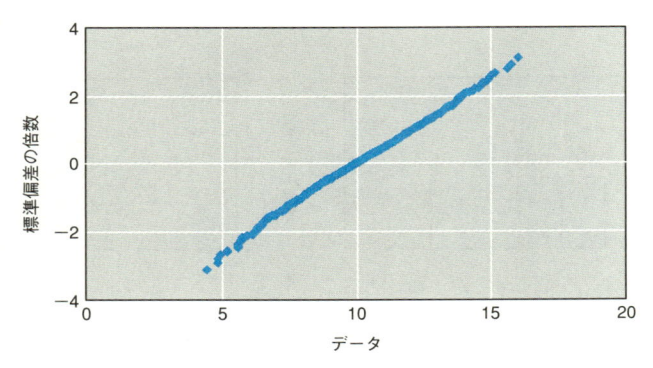

図 1・26　縦軸のスケールを変えて，データが正規分布のときに一直線に並ぶようにしたもの（正規確率プロット）

　（縦軸の変換の仕方ですが，Excel をお使いの方であれば，全部で n 個のデータのうち k 番目に小さいデータに対し関数 norminv を用います．）

$$1 番目のデータは\ =\mathrm{normsinv}\,(1/(n+1))$$
$$\vdots$$
$$k 番目のデータは\ =\mathrm{normsinv}\,(k/(n+1))$$

を縦軸の値にしてください．Lotus であれば，k 番目のデータの縦軸の値は

$$@\mathrm{normal}\,(k/(n+1), 0, 1, 1)$$

となります．

　縦軸のスケールの取り方を変えることで，正規分布だけでなく指数分布やワイブル分布（第 2 章参照）など，さまざまな分布に対応した確率プロットを得ることが可能です．

　このように図を描くことでいろいろ役に立つことがわかります．

❶ サンプルが少なくても正規分布に近いかどうかの判定が容易

　正規分布かどうかの判定をする際にヒストグラムを描き，左右対称の釣り鐘状の形になっているかどうか確認することをよく行うと思います．しかしながらヒストグラムを描くサンプルデータの数が 20〜30 個程度しかないと，なかなかきれいな形のヒストグラムは描けません．

このような場合でもこの正規確率プロットにデータをプロットして直線性をみることで，正規分布に近い形状かどうかの判定ができます．

データ数が20個くらいだと，±1σの外側には $20 \times 0.32 \fallingdotseq 6$ 点くらいしか点がありません．このあたりの揺らぎはあまり気にせず，その内側の形状がきれいな直線に乗っているかどうかで正規分布性を判定します．図1・27は正規分布のもとから20点を取り出してヒストグラムと正規確率プロットを描いてみたものです．

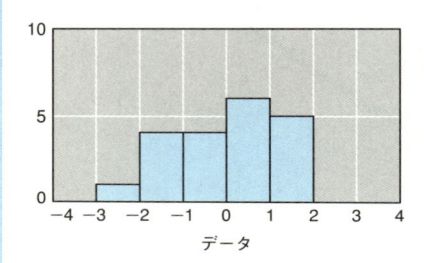

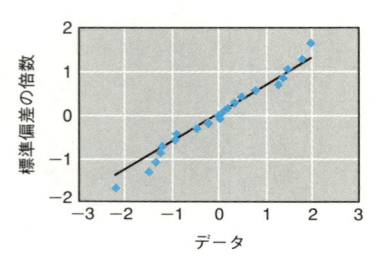

図 1・27 平均0，標準偏差1の正規分布から20点を取り出してヒストグラム(左)，正規確率プロット(右)を描いたもの

❷ **正規分布と違うとき，どこがどんな風に違うのか判定できる**

データを正規確率プロットに乗せたときに直線にならず，大きく湾曲した線になることがあります．

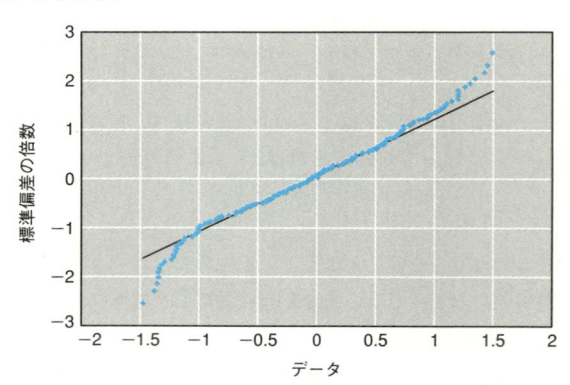

大きい側で実データが直線より上向きに反っている，あるいは小さい側で下向きに反っているとき
　→ 正規分布よりも裾野が狭くなっている
　例：規格を外れたサンプルを取り除いたあとの製品のばらつき
　　　規格値に収まるように負のフィードバック制御がかけられたプロセスから出てくる製品

図 1・28 正規確率プロットの例1

上に凸の湾曲の場合，大きい側にはすそ野が長く伸び小さい側はすそが縮んでいる分布，下に凸の曲線の場合はその逆に小さい側の裾野が長く伸びています．

また最大・最小値1点だけがそれ以外の点の構成する線の延長線上から大きく外れているときは，その値は異常値ではないか？ という判断もできます（図1・31）．

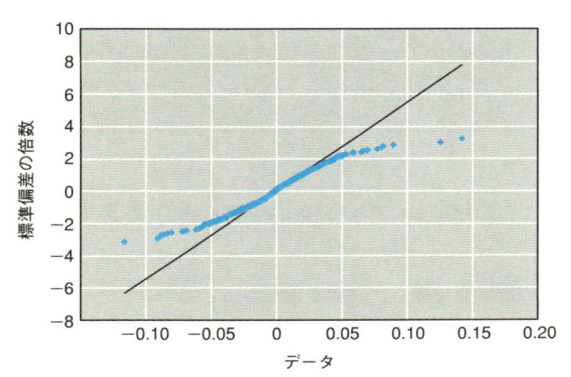

大きい側で実データが直線より下向きに反っている，あるいは小さい側で上向きに反っているとき
　→ 正規分布よりも裾野が広くなっている
　例：比率を取ったデータの分布
　　　株価等の複雑系に従う分布（フラクタル分布）

図 1・29　正規確率プロットの例2

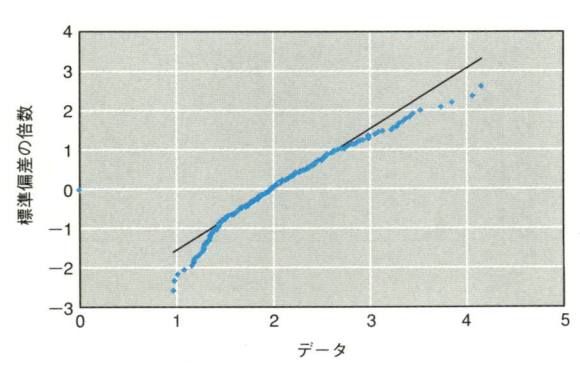

大きい側で実データが直線より下向きに反り，小さい側でも下向きに反っているとき
　→ ＋側に裾野が伸びた左右非対称な分布
　例：粒子径分布や分子量分布，微量不純物の分布など
　　　（対数正規分布など：第2章参照）

図 1・30　正規確率プロットの例3

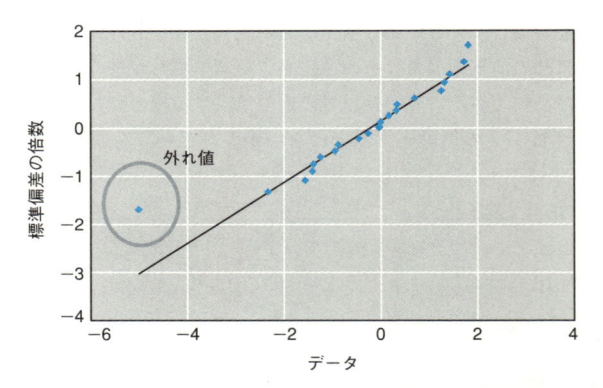

図 1・31 1点だけ不自然にずれているときの外れ値の判定（正規確率プロット）

❸ **二つの分布の形状を比較し，両者が類似しているのか**
　　　　　　　　　　　　　　　全く違うのかの判定ができる

　これはかなり重宝です．同じ正規確率プロットに二つ以上の分布を描きます．線がよく重なり合えば両者は同じような分布をしていますし，ずれていれば違います（図1・32）．

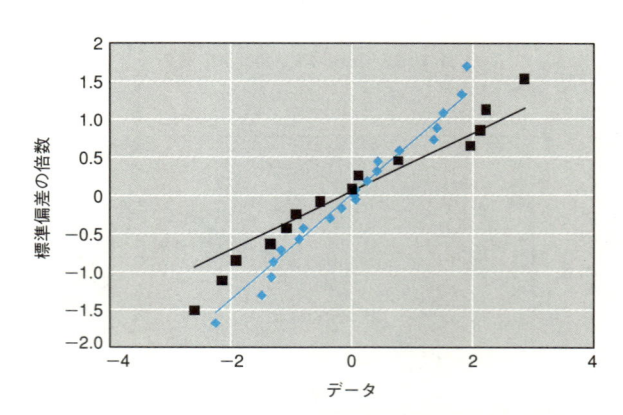

図 1・32 二つのサンプル群の分布形状の比較（正規確率プロット）

　比較する分布のサンプル数が大きく違っても使えるのがこのプロットの最も有用なところです．線の一致度合を比較するだけなら，分布が正規分布でなくてもある程度の判定には使えると思います．

2

正規分布にならないケースの例とその対処法：さまざまな確率分布

> 正規分布は取り扱いが便利な分布ですが，世の中には正規分布にならない現象もたくさんあります．ばらつきの発生メカニズムを考えることで，対数正規分布や指数分布，ワイブル分布など，さまざまな分布が考えられます．どういうデータがどのような分布になる可能性が高いのか？　を見ておくことで適切なデータの取り扱いができたり，あるいは分布の形状から対象のメカニズムが推算できたりします．

　第1章では平均とばらつきの推定について詳しくみてみました．その際にデータの分布を正規分布と見なすことによって，その真の値（無限にデータを取ったときに得られるであろう平均などの値）がどの範囲にあるかの推定を，有限のサンプルからでも定量的に行えることを示しました．

　平均値の信頼区間推定の場合は十分な数のサンプルを取れば，もとがどのような分布・ばらつき形状であろうが中心極限定理がはたらいて必ず正規分布に近づくことがわかっています．また，多くの場合のばらつきの性質として正規分布が成り立つ，と考えるのは第1章で議論したように妥当なのですが，もちろん自然現象・社会現象はそれほど単純ではありませんので，実際には正規分布だけでなくさまざまなばらつきを特徴づける分布が存在します．"分布を正規分布と仮定して" と無条件にやってしまう前に，ここではいくつかの重要な分布について考え，それらの分布がどういうときによく現れるのか？　であるとか，現れたときでも見逃さないようにすることや，うまく解析して適切な結論が出せるようにすることを目指します．

　もし手元にあるデータのばらつきがどのような分布になっているかが特定でき，その分布がここでご紹介するようにすでに知られているものであれば，少ないサンプルからの信頼区間の推定（データの90％や95％が入る範囲の見積もり）などが

的確にできますので，この"ばらつきの既知の分布への当てはめ"はけっこう重要です．

さらに場合によってはデータから当てはまった分布から，背後に隠れたメカニズムを逆に推察する手掛かりを得られる，といったこともありますのでしっかりみておきたいと思います．

2・1 非負の壁とばらつきの不均等性：対数正規分布

正規分布というのは平均値を中心にして左右対称であり，しかもすそ野が長く伸びるという特徴をもっています．中心から極端に離れたところの確率は非常に低いとはいえ，＋無限大から－無限大まであらゆる値を取りうる可能性をもっています．

ところが物理現象や社会現象においては，値が0以上の非負のものしか取り得ないというものがかなりあります．それらが境界である0付近の値をほとんど取らないようなものであれば，正規分布で近似しても問題ないことも多いのですが，たとえば化学反応における微量物質の変動や非常に堅牢な製品の故障発生頻度のように，きわめて0に近い所にデータが存在しているようなものの場合，図2・1のように左右対称の正規分布ではうまく表すことができないことがよくあります．

このような分布をむりやり正規分布と仮定して取り扱うことは判断を誤るもとですので，もう少し詳細にメカニズムを考えてみましょう．

マイナスの値を取らない物理現象としてエンジニアの方になじみが深いのは絶対温度でしょう．絶対零度（0 K）においては分子の運動が完全に停止し，それ以下の値は取り得なくなるのです．

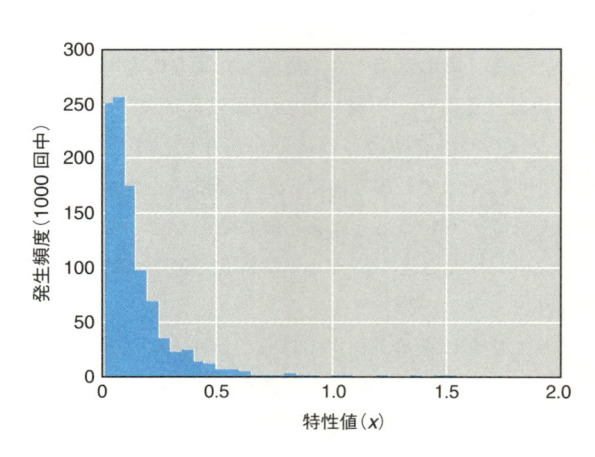

図 2・1 ゼロの壁のために左右非対称にばらつく分布の例

2・1 非負の壁とばらつきの不均等性：対数正規分布

このように原点が存在する場合，図2・2のようにそこに近づけば近づくほどばらつきの大きさは小さくなり，ちょうどゼロに向かって実質的な目盛りの刻みがどんどん押し詰まっていくような現象がよくみられます．逆にそうであるからこそ，その限界を超えられなくなる極限値（原点）が現れるといってもよいのかも知れません．

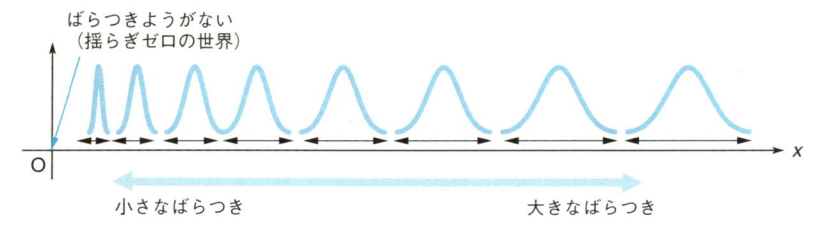

図 2・2 極限値が存在するメカニズム

あるいは不純物の濃度でも，濃度が下がるほど（純度が上がるほど）大量のエネルギーを投入して不純物を取り除く必要があります．不純物濃度を 1 % から 0.1 % に下げるのに要するエネルギーよりも，0.1 % から 0.01 % に下げるのに要するエネルギーの方が多いといったことがしばしばみられ，極限近くでのデータの振れは小さくなります．第1章で見た正規分布発生のメカニズムでは，ばらつきの大きさはどのような値においても変わらないという前提を置いて導出していますから，これらの例ではこの前提が成り立ちません．そこでこのような現象を表す別のばらつきのモデルを考えてみましょう．

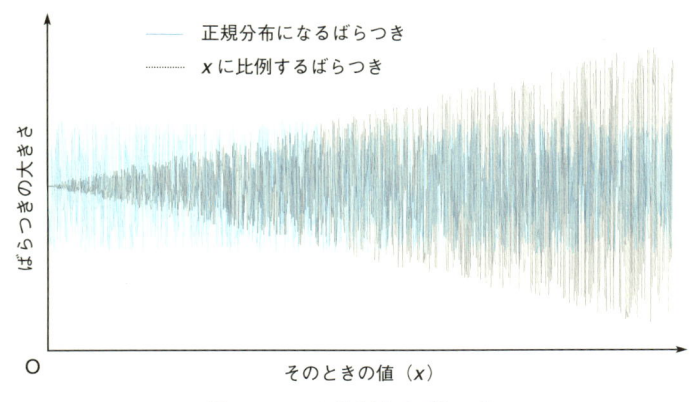

図 2・3 x に比例するばらつき

原点に近づけば近づくほどばらつきが小さくなるようなメカニズムを最もシンプルに表現するのは，図2・3のようにばらつきの大きさがそのときの値に比例すると考えることです．

ばらつきの大きさがそのときの値 X に比例しているということは，比例係数を β, としてつぎのように表されます．（ここで e は x に依存せず大きさが一定のばらつき関数で，これが βx 倍に増幅されて値が x のところでは Δx のようにばらついていると考えます．）

$$\Delta x = \beta e \cdot x$$

このような関係式でばらつきのメカニズムが表されるとき，両辺の対数を取ると掛け算の部分が分離できて，ばらつきの項と x とは足し算の形に分離できます．

$$\log(\Delta x) = \log(\beta e x) = \log(\beta e) + \log(x)$$

$\chi = \log(X)$, $\Delta\chi = \log(\Delta x)$, $\varepsilon = \log(\beta e)$ と置き換えると

$$\Delta\chi = \chi + \varepsilon$$

つまり，対数を取った世界では大きさの変わらないばらつき ε が $\chi = \log(x)$ に対して足し算で影響を及ぼしており，この世界では正規分布となることが期待されます（図2・4(a)）．

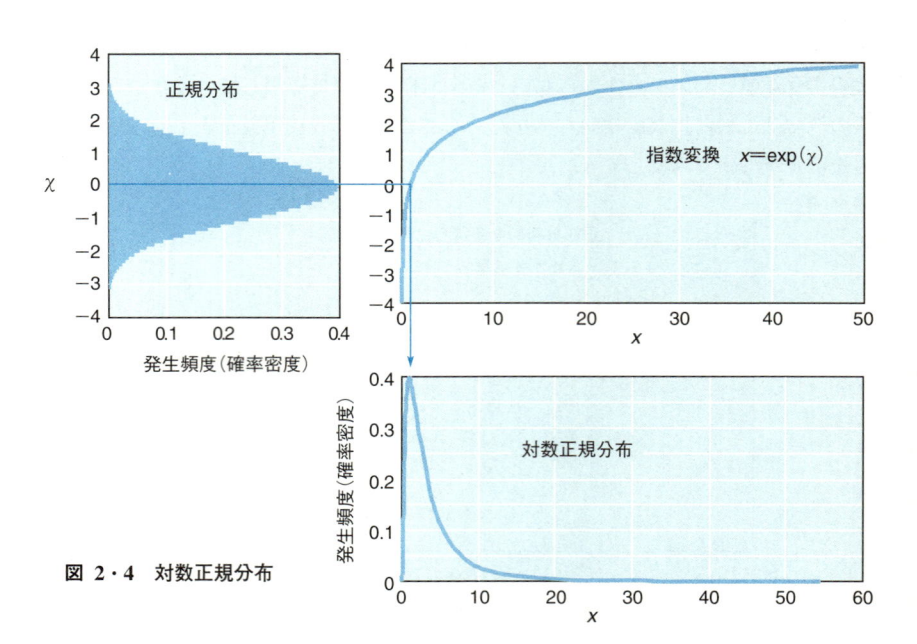

図 2・4 対数正規分布

2・1　非負の壁とばらつきの不均等性：対数正規分布

逆の見方をすれば，正規分布状のばらつきをしている変数 χ に対し，

$$X = \exp(\chi)$$

という変数変換をかけると（図 2・4 (b)），X が小さいところは押し詰められ，また x が大きいところは引き伸ばされて左右非対称となります．また，このとき

$$\Delta x = \exp(\chi + \varepsilon) = \exp(\chi)\cdot\exp(\varepsilon) = x\cdot\exp(\varepsilon)$$

のようになりますからばらつきの大きさは x に比例して大きくなっています．

このようにして得られる図 2・4 (c) のような分布を**対数正規分布**とよびます．その特徴は

❶ ゼロ，および負の値を取らない．

❷ 平均値よりプラス側に長いすそ野をもっている．

❸ データの対数を取ったものは正規分布状にばらつく．

などが挙げられます．

ばらつきの大きさが x に比例するという非常にシンプルな仮定を置いて求めているにもかかわらず，この対数正規分布に従う事象はかなり多くみられます．

環境問題などで取り扱う有害物質の濃度であるとか（通常きわめて微量な物質を扱う），粉体の粒径の分布であるとか（割れたり凝集したりして新たに得られる粒子の大きさは，そのもとになる粒子の大きさに強く依存する），あるいは株価や給与所得などの経済データ（額が高いほど変動幅が大きくなるのが普通です）など，負の値を取らない現象のかなりのものがこの対数正規分布で説明できるのです．

● 対数正規分布の特徴と取り扱い

❶ 左右非対称な分布ですので，分布のピーク（モード）と分布の平均値が一致しません．平均値の方が必ず大きくなります（図 2・5）．

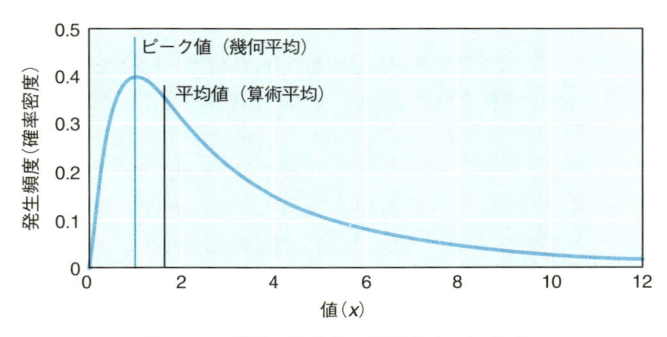

図 2・5　対数正規分布の平均値とピーク値

2. 正規分布にならないケースの例とその対処法：さまざまな確率分布

対数を取って正規分布に変換したときの平均値を μ、標準偏差を σ とすると、元の対数正規分布の平均値と標準偏差はつぎのようになります.

$$平均値 \;=\; \exp\left(\mu + \frac{\sigma^2}{2}\right)$$

$$標準偏差 \;=\; \exp\left(\mu + \frac{\sigma^2}{2}\right) \cdot \sqrt{\exp(\sigma^2) - 1}$$

対数正規分布のピークに対応する値は $\exp(\mu)$ ですから、この値を $\exp\left(\dfrac{\sigma^2}{2}\right)$ 倍した少し大きめのところが対数正規分布の平均値になります.

❷ 有限のサンプルからもとの分布の平均値や標準偏差を推算する方法は第1章でご紹介した正規分布のときと同じ方法で行うことができます.

対数正規分布に従うばらつきから n 点のデータ $x_1, x_2 \cdots x_n$ が得られたとき

平均値の推定　　$\bar{x} \;=\; \dfrac{x_1 + x_2 + \cdots + x_n}{n}$

標準偏差の推定　　$s \;=\; \sqrt{\dfrac{(x_1-\bar{x})^2 + (x_2-\bar{x})^2 + \cdots + (x_n-\bar{x})^2}{n-1}}$

ところで、得られた各データを対数変換したものを $z_1, z_2, \cdots z_n$、と置くと、これらは正規分布に従うデータなので、これらを単純平均したもの $\bar{z}$ は変換後の正規分布の平均値 μ の推定値になります.

$$\bar{z} \;=\; \frac{z_1 + z_2 + \cdots + z_n}{n} \;=\; \frac{\log x_1 + \log x_2 + \cdots + \log x_n}{n}$$

$$=\; \frac{\log(x_1 \cdot x_2 \cdot \,\cdots\, \cdot x_n)}{n}$$

これを指数変換して、もとの対数正規分布の世界に戻してやることを考えると、これはピーク値 $\exp(\mu)$ の推定値になっていることがわかります.

$$ピーク推定値 \;=\; \exp(\bar{z}) \;=\; \exp\left(\frac{\log(x_1 \cdot x \cdot \,\cdots\, \cdot x_n)}{n}\right)$$

$$=\; (x_1 \cdot x_2 \cdot \,\cdots\, \cdot x_n)^{\frac{1}{n}}$$

お気付きの方もおられると思いますが、これは幾何平均とよばれる平均の計算方法になっています. つまり対数正規分布に従うようなデータのピークに当たる部分の値を推定するには幾何平均を取るべし、ということを示しているのです.

2・1 非負の壁とばらつきの不均等性：対数正規分布

❸ 対数正規分布になっているかどうかの判定は，データ $x_1, x_2, \cdots, x_n$ の対数を取り，第1章でご紹介した正規確率プロットに乗せて一直線に乗るかどうかをみます．負の値を物理的に取り得ないデータが0付近でばらついているときには，このような確認を行ってみることをお薦めします．また95％信頼区間などの幅は，この対数を取った世界で正規分布として取り扱うことで容易に評価が可能です．音の強さを音圧のエネルギーでなく対数を取ったデシベル値で取り扱うように，オーダーが大きく違うものを一括して扱うような場合には評価の尺度自体を変換して対数の世界で考えることもありますが，これは分布を対数正規分布から正規分布にするという効果も同時に生み平均値などの推算がやりやすくなるのです．

現実には0を取らないとはいいながら，検出限界などのために値の切り捨てが起こり，データに大量の0が含まれることがよくあるかと思います．値0のデータは対数が取れませんから，そのような場合にはまず0のデータを除いて対数を取り，正規確率プロットに乗せて正規分布状になるかどうかをみてみるのがよいでしょう．下限側のデータを切り捨てていることになりますが，その数が多くない場合（全体のデータ中で0を取るのが20％以下）は残りのデータだけでも正規分布かどうかの判定は問題なくできると思います．

あるいは変数変換として，対数でなく，

$$z = \frac{x^\lambda - 1}{\lambda}$$

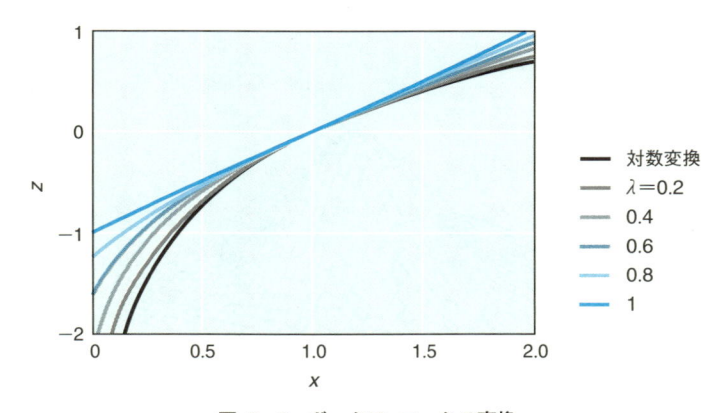

図 2・6 ボックス-コックス変換

と置いて，変換後の z が正規分布にできるだけ近づくような λ を選ぶ，という方法を取ることもあります．この変換はボックス-コックス変換といい，$\lambda \to 0$ のときに対数変換になり，逆に $\lambda = 1$ のときは $z = x - 1$ ですからデータの平行移動だけで無変換です．パラメーター λ を連続的に変えることにより，対数正規分布と正規分布の中間に存在するような分布を正規分布に変換することが可能です．またこの方法ではデータに 0 を含む左右非対象の分布を取り扱うことも可能になります．図 2・6 にパラメーター λ を変えたときの変換の様子を示します．

0 でなく，1 に壁があるようなケース，たとえば収率が 100 % 近くある反応のデータなどではデータを 1 から引いたものを対数正規分布に当てはめることもあります．厳密にいうと比率のデータを対数正規分布に当てはめてはいけないのですが，近似的にはそこそこ当てはまることが多いので実用的には問題ないでしょう．

2・2 ベクトルから求めたスカラー量：レイリー分布とマクスウェル分布

離れたところから的の中心に向かってダーツを投げたとします．風や手の震え，あるいはダーツのひずみなど，無数のばらつき要因がはたらいてダーツは的の中心から外れたところに当たることが多いでしょう．

ばらつきに偏りがなく，的の上下左右どちらの方向に対してもバランスよく散らばると考えると，このばらつきは図 2・7 のように原点（的の中心）を中心とした釣り鐘状の分布になります（2 次元の正規分布）．

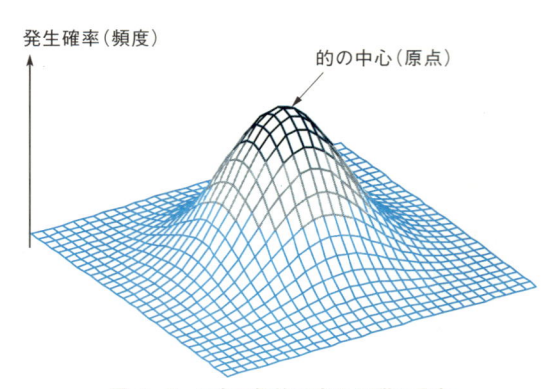

図 2・7　2 次元標的に当たる弾の分布

2・2 ベクトルから求めたスカラー量:レイリー分布とマクスウェル分布

ところで,ダーツの得点を考えると,的の中心から上下左右どちらの方向にずれたかということは問題でなく,中心からの距離がいかほどであるか? が問題となることが普通です.このとき,当ったダーツの中心からの距離の分布はどのようになるでしょうか? 距離の分布ですからこれも負の値は取り得ず,図2・8のようなプラス方向に長いすそ野を伸ばした分布になっています.しかしながら,対数正規分布ほどには左右非対称にはなっておらず,平均値よりもプラス側では正規分布によく似た形状であり,0に近いマイナス側が少し押し詰められて分布がひずんでいるといった感じです.この分布は**レイリー分布**とよばれる分布になっています.

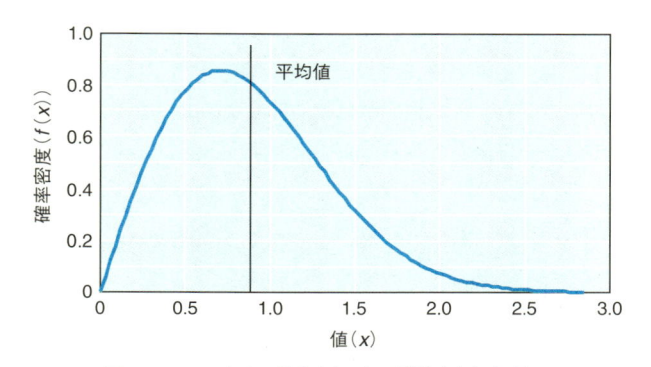

図 2・8 レイリー分布($\sigma=1$)の形状(確率密度)

もとの2次元の正規分布は,的の中心に平均値がきますので平均値 $\mu = 0$,ばらつきの尺度である標準偏差を σ とすると分布の形状を表す関数(確率密度関数)は

$$f(x) = \frac{x}{\sigma^2} \exp\left(-\frac{x^2}{2\sigma^2}\right)$$

この式は平均0,標準偏差 σ の正規分布の確率密度関数と比較すると,expの部分の形状が同じですが,ゼロ付近の小さいところでは x/σ^2 で分布の大きさが抑えられています.ですから分布の形状をみていただければおわかりの通り,大きいところでは正規分布によく似た形状となり,また0付近では x/σ^2 の影響が大きいために直線状に確率が増大しています.

レイリー分布の平均値と分散（[標準偏差]^2）は

$$平均値 = \sigma\sqrt{\frac{\pi}{2}}, \qquad 分散 = \left(2 - \frac{\pi}{2}\right)\sigma^2$$

のようになります．中心から平面的に広がっていく特性の分布，たとえば電磁波の電界強度などでよくみられる分布ですが，他にも回転軸の偏心などかこの分布に従います．

この分布になっているかどうかの確認ですが，簡便な方法としては前章で紹介した正規確率プロットにデータをプロットすると図2・9のような形状を示し，平均よりもプラスサイド（右上）では正規分布によく一致し，マイナス側（左下）では0で頭を抑えられて下方にずれていることでみることができます．もちろん最終的な確認としてレイリー分布の確率プロットをつくって当てはめることが必要です．レイリー分布の確率プロットは作成が比較的容易なので（コラム参照）この分布に当てはまるかどうかを確認してみるとよいでしょう．

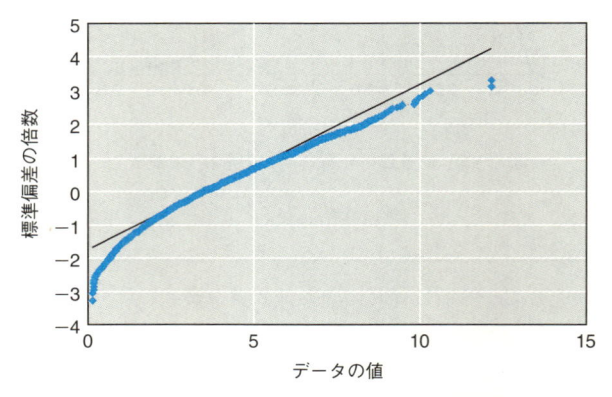

図 2・9 レイリー分布状にばらつくデータを正規確率プロットに当てはめたもの

これと同じ現象を2次元平面でなく3次元空間で扱うと**マクスウエル分布**になります．x方向，y方向，z方向にランダムにつまり正規分布状に速度が分布して動く粒子の速度vにおいて，粒子の各方向の速度v_x, v_y, v_zが平均0，標準偏差σに従うとして，

$$v = \sqrt{(v_x^2 + v_y^2 + v_z^2)}$$

のように向きに関係なく速度 v の大きさだけを取るとその分布 $f(v)$ は

$$f(v) = \sqrt{\frac{2v^2}{\pi\sigma^3}\exp\left(-\frac{v^2}{2\sigma^2}\right)}$$

$$\text{平均値} = 2\sigma\sqrt{\frac{2}{\pi}}, \qquad \text{分散} = \left(3 - \frac{8}{\pi}\right)\sigma^2$$

これは 3 次元空間中の気体分子の速度分布として熱力学でおなじみの分布です．大きい側のすそ野はレイリー分布同様正規分布と同じ形状をしていますが，0 付近では 2 次関数（放物線）状をしているところがレイリー分布とは違います（図 2・10）．

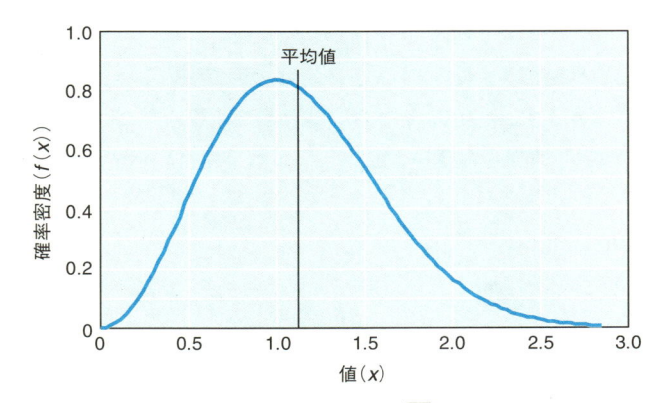

図 2・10 マックスウエル分布 ($\sigma = \sqrt{0.5}$) の形状（確率密度）

2・3 両端に壁があるときの取り扱い: ベータ分布とロジット変換

　原点を起点にしてプラス側にしかデータが存在しない分布は上で紹介したもののほかにもさまざまな物理・社会現象に応じて，ブラウン運動に関連した逆ガウス分布（ワルド分布），待ち時間の表現に用いられるアーラン分布（ガンマ分布）などいろいろありますが，ここではこれくらいにして両端に壁があるケースを考えてみましょう．

　たとえば 0 と 100 ％の間しかデータは取り得ないといった上下限ともに限界があるようなケースは非常にしばしばみられます．

2. 正規分布にならないケースの例とその対処法: さまざまな確率分布

ばらつきが小さく，境界付近においてデータの存在確率がほとんどない，というようなケースであれば，これも正規分布に当てはめることは可能かも知れません．あるいは片側の制約だけに引っかかるケースであれば上述の対数正規分布などでうまく表すこともできますが，両端近くでもある程度発生確率があるような事例の分布を適切に表す分布も必要です．

このように両端に上下限の制約があるケースを取り扱うための分布として有名なのが**ベータ分布**です．

これは 0〜1 の範囲で定義可能な分布で，確率密度関数はつぎのような式で表されます．

$$f(x) = \frac{x^{p-1}(1-x)^{q-1}}{B(p,q)}$$

ここで $B(p, q)$ は定数（係数）で，ベータ分布の形を決めるパラメーター p と q の値によって決まります（$p > 0, q > 0$）．式の形をご覧いただけばおわかりのように，x が 0 付近では分布の形状は x^{p-1} に，1 付近では $(1-x)^{q-1}$ によって規定されます．

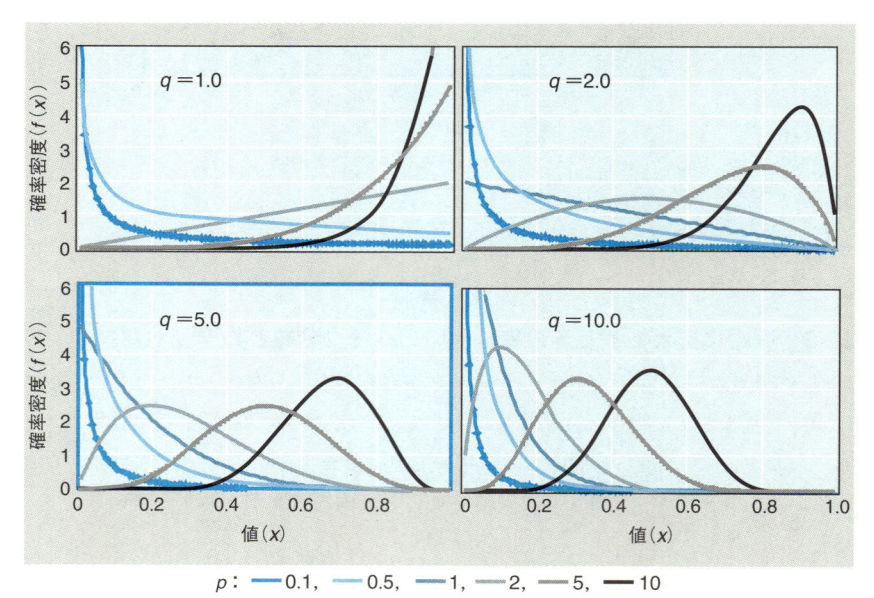

図 2・11 さまざまなパラメータにおける β 分布の形状

2・3 両端に壁があるときの取り扱い：ベータ分布とロジット変換

データの両端部分での形状をそれぞれの関数で当てはめてみるという手続きで分布を決めることができます．図 2・11 にさまざまな p, q の値でのベータ分布の形状を示しています．

$p = q = 1$ のときは 0～1 の一様分布（どの値が出る確率も等しい），これに限らず $p = q$ のときは左右対称の分布になります．p, q が 1 より小さいときは図のようにそれぞれの境界に近づくほど確率が高くなるバスタブ型の分布ですが，1 より大きいときは境界付近での発生確率は 0 に近づき，釣り鐘状の分布になることがわかります．$p = q \gg 10$ のときはほとんど正規分布と区別がつきません．

分布の関数（確率密度関数）が非常に単純な多項式ですので，かなり強引に当てはめているというイメージもありますが，両端の制約のために明らかに分布が正規分布と異なるときには，この分布に当てはめて誤差を少なくした方が解析で適切な評価ができると思います．データが 0～100 % の範囲に幅広く散らばっているようなケースではよく用いられます（学力テストの成績など）．

分布の式の形にご注目いただくと，これはコインの表が出る確率が x（裏が出る確率が $1 - x$）のコイン投げの分布（二項分布）によく似た形です．

分布の平均値と分散はつぎのようになります．

$$\text{平均値} = \frac{p}{p + q}$$

$$\text{分 散} = \frac{pq}{(p + q)^2(p + q + 1)}$$

また，両端 0 と 1 に壁がある場合で，両端ともにデータがたくさんあるような場合，つぎに示すような変数変換を施してデータの取りうる範囲を $-\infty$～∞ となるようにすることで正規分布などの扱いやすい分布に近づけるやり方があります．**ロジット（Logit）変換**とよばれます．

$$z = \log\left(\frac{x}{1 - x}\right)$$

この変換の難点は，$x = 0$ や $x = 1$ を取るデータがあると z が無限大や無限小に発散してしまうことであり，それを防ぐために，得られた z の分布形状を正規確率プロットをみながらプラスの小さな数 $\varepsilon_1, \varepsilon_2$ で調整して $x = 0$ や $x = 1$ のデータでも z の適度な大きさになるようにします．

$$z = \log\left(\frac{x}{1 + \varepsilon_2 - x}\right)$$

2. 正規分布にならないケースの例とその対処法: さまざまな確率分布

一般に境界が $x = a$, $x = b$ $(a < b)$ のときのロジット変換はつぎのようになります．

$$z = \log\left(\frac{x - a + \varepsilon_1}{b + \varepsilon_2 - x}\right)$$

このような変換を施すことで，変換後のデータの分布が正規分布に近づくこともかなりあります．比率を取ったデータなど，生のデータから何らかの計算をした結果の多くはこのような変換を施してみる価値はあります．（一例として第4章では相関係数の分布がこの変換によって正規分布になることを示しています．）

2・4 時間とともに劣化していく現象を表す: 指数分布

たくさんの機器が連続稼働しているとき，一定の時間が経つと一定の割合で機器が壊れていくような現象を考えることがよくあります．一方的に壊れていくだけなので，しだいに数は減っていくことになりますが，このような現象をうまく表現する分布としてよく用いられるのが**指数分布**です．

初めの計器の稼働台数が10000台であったとします．1月当たりの故障率が0.001であったとすると，1月後にはおよそ $10000 \times 0.001 = 10$ 台故障していることが期待されます．さらに1月経つと今度は新たに $9990 \times 0.001 = 9.9$ 台の故障ということで，しだいに稼働している計器は減少していきますが，同じ期間に故障する計器の台数も減っていき，傾きはしだいに小さくなることとなります．

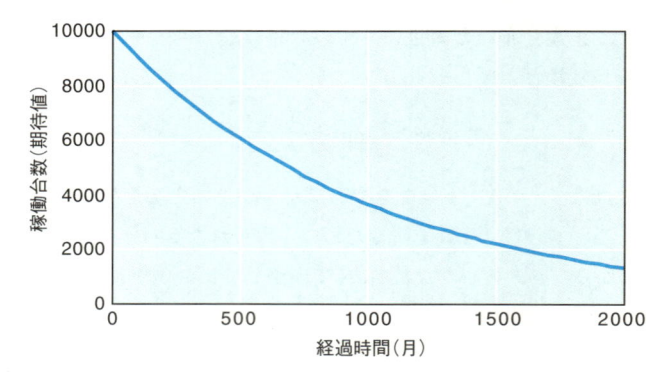

図 2・12 指数分布状になる稼働台数のデータ

横軸に時間を取り，縦軸にその時点での計器の稼働台数を取ると図2・12のようになり，時間とともに指数関数的に稼動している装置の台数は減少していることがわかります．

見方を変えると，500カ月（41年8カ月）経ったときの稼動台数は10000台中6064台，ということはある1台の計器が500カ月後も稼動している確率は6064/10000 = 0.61 ということになります．同様に1000カ月稼動している確率は0.3677，2000カ月では0.1352という具合に予想できます．

指数分布はこのように定率で故障していく機器の稼動時間や，腐食が進行していく材料の孔の深さなどの分布などによく用いられます．

確率密度関数は

$$f(x) = \frac{1}{\lambda}\exp\left(-\frac{x}{\lambda}\right)$$

平均値，分散はそれぞれつぎのようになります．

$$平均値 = \lambda$$
$$分散 = \lambda^2$$

寿命試験などでテストサンプルが壊れるまでの時間などが，この分布になることがあります．その取り扱いはつぎのワイブル分布のところで論じます．

2・5 最弱リンク説に基づく材料強度の分布： ガンベル分布とワイブル分布

材料の破壊強度などでよくみられるのは，材料の局所局所の平均的な強度でなく，一番弱いところから破壊が始まって壊れる現象です．つまり材料の強度は一番弱いところによって規定されるのです．

さてここで，材料の局所局所の強度のばらつきが正規分布に従っていたとしましょう．その中で一番弱いところの強度も材料のサンプルを変えれば変わりますので，たくさんサンプルを集めればこれもある分布をもってばらつくことになります．この分布形状はどのようなものになるのでしょうか？

図2・13のような棒状の材料の微細領域の強度が仮に測定できたとします．全部で100箇所の測定を行って，その中で一番小さい値を取って記録します．材料サン

プルを交換してまた同じことを繰返す作業を 5000 回繰返し，全部で 5000 サンプルの最小強度のデータが得られました．

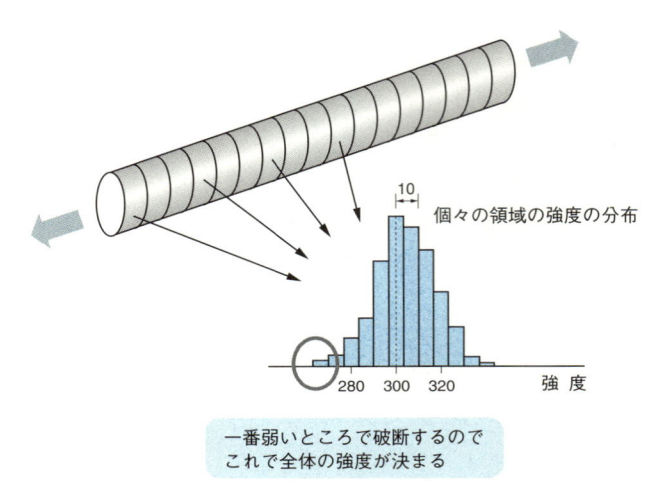

図 2・13 最弱リンクによる材料の強度

それぞれの微細領域での強度のばらつきは材料サンプルによらず一定の正規分布状で，このケースでは平均 300・標準偏差 10 でした．100 箇所取り出したときの最小値はですからおおよそ 平均値 $-3 \times$ 標準偏差 $= 270$ 付近に得られるであろうことが期待されますが，実際 5000 サンプルの最小値のヒストグラムを描くと図 2・14 のような形状の分布になりました．

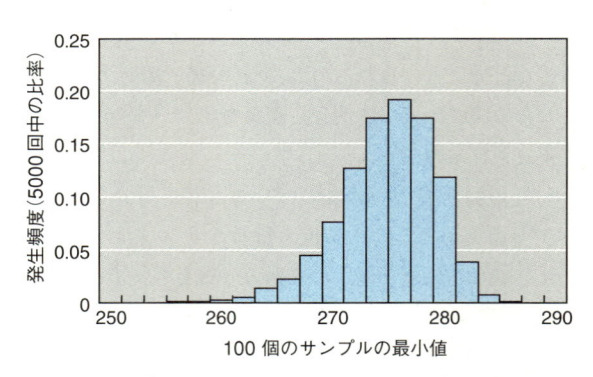

図 2・14 正規分布から取り出した 100 個のサンプルの最小値の分布

2・5 最弱リンク説に基づく材料強度の分布：ガンベル分布とワイブル分布

このような最小値の分布は正規分布にはならず，マイナス側に長くすそが伸びた左右非対称の分布になることがわかります．実際は100個のような粗いサンプリングではなく，1000個・10000個とどんどん細かく取っていったうちの最小値（極小値）で材料の破壊強度は決まりますから，この極限を取った分布を求めて**極値分布**とよびます．

中心から外れたところから取られたサンプルで分布が決まりますので，図2・15で示したように元の分布の中心付近の形状がどんなものであろうとあまり関係なく，すそ野部分の形状がこの極値分布の形を大きく規定します．

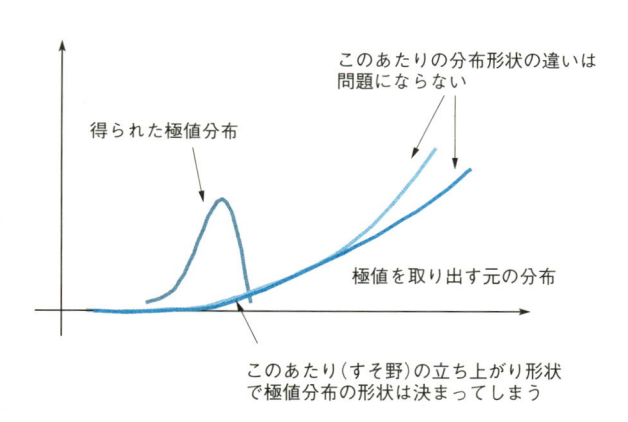

図 2・15 すそ野の形状だけで決まる極値分布

● **ガンベル分布**

すそ野部分の形状が $\exp(-x^n)$ の形をしている分布（正規分布や指数分布など）から取り出した最小値や最大値の極値分布は**ガンベル分布**とよばれる二重指数分布になります．先ほどのような微細領域での強度が正規分布状にばらついているような材料の破壊強度であるとか，パイプの腐食（孔食）が指数分布状になっているときの漏洩の確率（一番深い孔が漏洩の有無を決定する．この場合は最大値を見ている）などがこのガンベル分布になります．設備診断などではおなじみの分布でしょう．

ガンベル分布の確率密度関数はつぎのようなものです（図2・16）

$$f(x) = \frac{1}{\alpha} \cdot \exp\left(-\frac{x-b}{a}\right) \exp\left\{-\exp\left(-\frac{x-b}{a}\right)\right\}$$

平均値・分散はそれぞれつぎのようになります．

$$平均値 = b + 0.577a$$

$$分 散 = \frac{\pi a^2}{6}$$

得られたデータがガンベル分布に従ったものかどうかの確認についても，ガンベル分布の確率プロットを用いることができます．詳しくはコラム（p.62）をご確認ください．

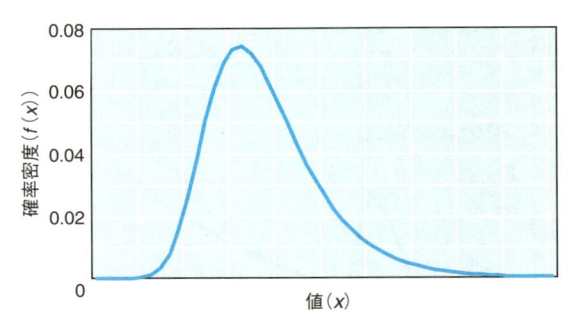

図 2・16　ガンベル分布の確率密度関数の形状（図は極大値側を取っているので＋側に長く伸びた分布になっています．極小値のときは$x-b$の代わりに$b-x$と置いて左右を反転します）

● **ワイブル分布**

　元の分布に下限値γがあって，その下限より大きい部分での分布関数の立ち上がりが多項式関数で表されるようなものの場合，極値の分布は**ワイブル分布**になります（図2・17）．

　元の分布のすそ野の形状が分布が0となる点を$x = \gamma$として$x \geqq \gamma$で与えられ，

$$f_0(x) = \frac{k}{n\alpha}(x - \gamma)^{k-1}$$

（図2・17では$n = 30$，$\alpha = 1/30$，$\gamma = 0$でkを変えています）

のようになっているとき，この分布から取り出したn個のサンプルの極小値の分布（極値分布）の確率密度関数はつぎのようになります．なおnは最低でも20点くらい必要です．その程度ないと最小値が常にこのすそ野付近にくる保証がなく，

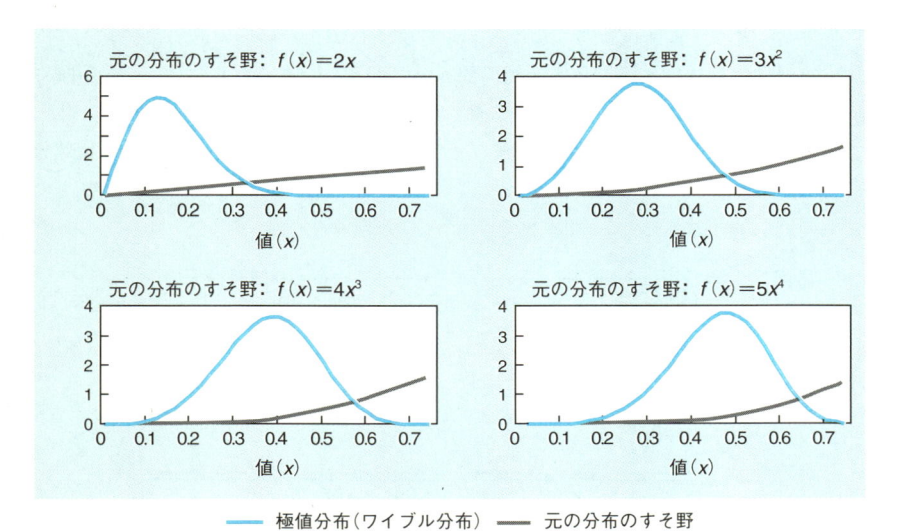

2・5 最弱リンク説に基づく材料強度の分布：ガンベル分布とワイブル分布

図 2・17 さまざまな立ち上がりに対応した極値分布（ワイブル分布）の形状

― 極値分布（ワイブル分布）　― 元の分布のすそ野

分布のすそ野の形状だけに依存して極値分布が決まるという前提が成り立たないからです．

$$f(x) = \frac{k \cdot (x-\gamma)^{k-1}}{\alpha} \exp\left(-\frac{(x-\gamma)^k}{\alpha}\right)$$

ワイブル分布は極値分布として破壊強度のばらつきを表す分布に用いられるのみならず，機器の故障を表すモデルとしても用いられます．図 2・17 で横軸を機器が動作を始めてからの経過時間と考えると，――で描いた元の分布の裾野は機器を構成する一つ一つの部品が故障する確率です．

機器が n 個の部品から構成されていて，どれか一つでも壊れれば機能がダウンするとき，ある時刻に機器が故障する確率は一番早く故障する部品の故障確率となります．したがって，ある時刻に機器が故障する確率は――で示したワイブル分布になるのです．

図 2・17 ではいずれも，個々の機器部品が故障する確率が時間とともに大きくなる形状になっています．つまりここで示されているのは部品が劣化して故障率が上がっていく状況なのです．

ちなみに $k=1$ とするとどうなるでしょうか？ 個々の部品の故障率を表す元の分布の裾野の形状は x によらず一定の値 $f_0(x)=1/n\alpha$ となりますので，どこの時点 x でも部品が故障する確率は変わりません．つまり偶発故障のモードをモデル化しているのです（図 2・18）．このときワイブル分布は指数関数状に減衰する指数分布に一致します．

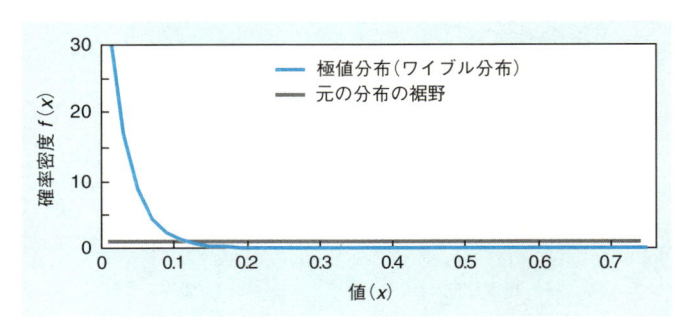

図 2・18 $k=1$（元の分布の裾野が $f(x)=1$）のときのワイブル分布（指数分布）

さらに k を小さくして 0 に近づけていくと，元の分布は値 x が小さいほど発生確率が大きくなりますから，初期故障を表す分布となります（図 2・19）．

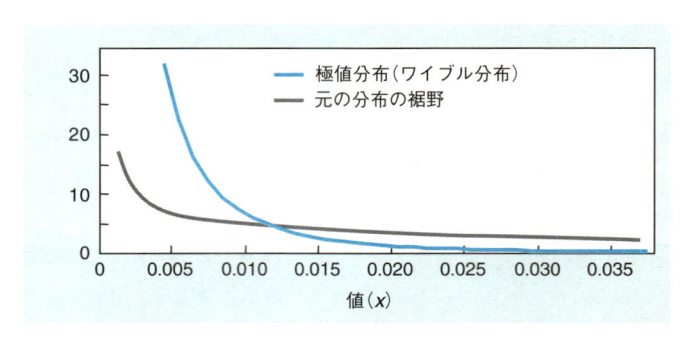

図 2・19 $k=0.5$（元の分布の裾野が $f(x)=0.5x^{-0.5}$）のときのワイブル分布（劣化故障）

ワイブル分布はこのように，初期故障・偶発故障・劣化故障のそれぞれの状態を表すのに都合のよいモデルなのでよく用いられます．

2・5 最弱リンク説に基づく材料強度の分布:ガンベル分布とワイブル分布

パラメーターをうまく調整することによってかなり幅広い現象に当てはめられるのはこの分布の長所でもありますが,逆に自由度が高すぎる故に当てはめた結果の解釈に困ることもあります.まずは理論的意味付けが容易なガンベル分布での当てはめを試みて,それでも当てはまりが悪いときにワイブル分布,というのがよいと思います.

この分布の平均値と分散は簡単な式に表すことはできないのですが,Γ 関数という特殊な演算式を用いてつぎのように表されます.

$$\Gamma(\beta) = \int_0^\infty x^{(\beta-1)} \exp(-x) \, dx$$

$$平均値 = (\alpha)^{\frac{1}{k}} \cdot \Gamma\left(1 + \frac{1}{k}\right)$$

$$分散 = (\alpha)^{\frac{2}{k}} \cdot \left\{\Gamma\left(1 + \frac{2}{k}\right) - \Gamma^2\left(1 + \frac{1}{k}\right)\right\}$$

Γ 関数の値は数表を引いたり表計算ソフトで求めていただく必要がありますが,ワイブル分布の平均と分散の概略のイメージをつかんでいただくために α と k に対する依存性について図 2・20 に表してみました.

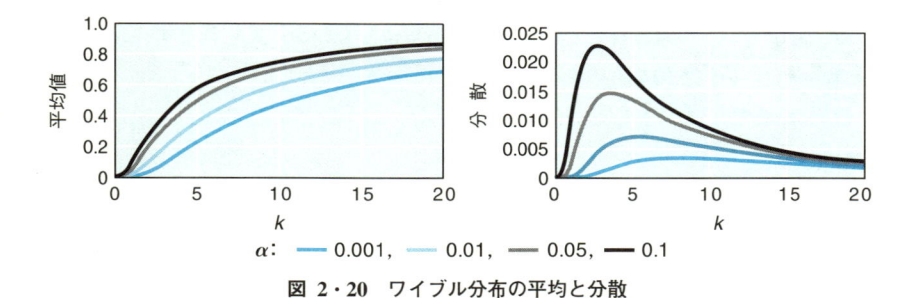

図 2・20 ワイブル分布の平均と分散

α: —— 0.001, —— 0.01, —— 0.05, —— 0.1

平均値についていえば,k が小さいときは初期故障が頻発してすぐに壊れるものが多いことから類推されるように 0 に近い値です.大きくなるとしだいに平均値は上昇していき,値は 1 に近づいていきます ($k \to \infty$ とすると,元の分布関数 f_0 は $x = 1$ のところで急激に立ち上がるため).分散については k が小さいときはやはり小さいですが,k が大きくなるといったん大きくなってから再び 0 に近づきます.ご参考までにワイブル分布の確率密度関数も図 2・21 に示しておきます.

この分布に関しても確率プロットを描くことは容易です．これを用いて手持ちのデータがワイブル分布であるかどうか？，ワイブル分布であったとすればどんな形状か？，あるいは信頼区間の計算などが容易に実施できます．詳しくはコラム (p.62) を参照下さい．

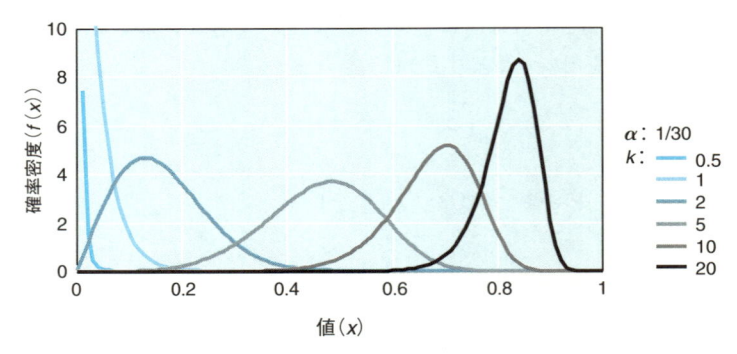

図 2・21 k を変えたときのワイブル分布の形状

2・6 その他のケース

他にもばらつきの可能性としてはありとあらゆるものが考えられます．キリがないのでいくつか代表的なものを挙げると，

❶ 全く別のものが混ざり合って2山をつくっている（図2・22）．

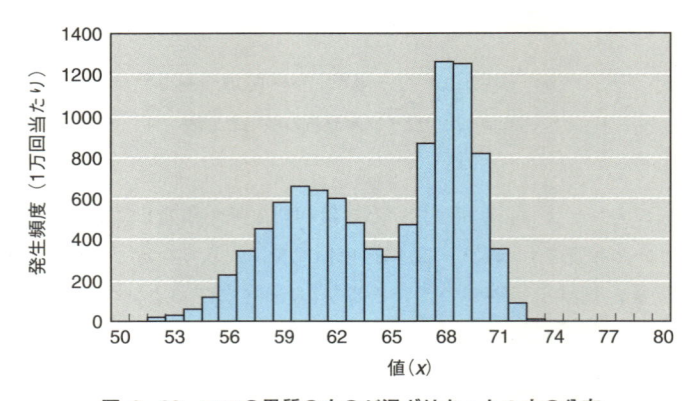

図 2・22 二つの異質のものが混ざりあった2山の分布

2・6 その他のケース

❷ 本来は正規分布なのであるが，あるしきい値を超えた不良品を取り除いているために裾野が切れた分布になっている（図2・23）．

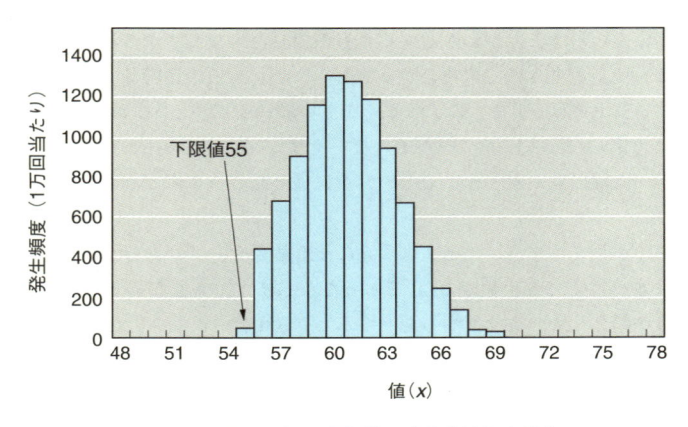

図 2・23　人為的にすそをはねた分布

❸ ばらつきのメカニズムが単純な足し算やかけ算でなくもっと複雑な関数関係で作用している（複雑系）．

❶については山を別々に分けて考える必要があります．個別の山は正規分布などの既知の分布に従うかも知れません．

❷は正規確率プロットを描いたときにある値から不自然に線が曲がるので判別できますが，それ以前にそういう意図がはたらいていることを知っていればわかるでしょう．不良品の取り除きだけでなく，たとえば不良品が見つかったら手直しをして工程に戻すなどの人為的なフィードバック操作がかかっているような場合も不自然にすそ野が狭くなっています．サンプル平均値からの母平均の推定などはこれでも問題なくできますが，ばらつきの評価などは小さめに見積もってしまうことが多いので注意が必要です．

❸のような複雑系は非常に興味深いものですが，今後の研究が待たれるところです．一般的には正規分布よりもすそ野が広い分布（**フラクタル分布**）になるといわれています．

2. 正規分布にならないケースの例とその対処法：さまざまな確率分布

● 正規分布でないときの確率プロットの描き方 ●

前章で紹介した**正規確率プロット**は，少ないデータのときにも分布の形状が正規分布に近いかどうかの判定が容易にでき，当てはめたグラフから異常値やすそ野の形状などいろいろなことがわかるすぐれものでした．なんとかこれを正規分布以外の分布でも使えるようにできないか？　というのが本項の目的です．

確率プロットとは，手持ちのデータを小さい順に並べ替え，横軸にデータの値を，縦軸には想定した分布に基づいたそのデータ値が発生する累積確率をプロットし，データが一直線に並ぶかどうかでその分布に従ったデータかどうかを確認するものです．

具体的に示しましょう．たとえば手元に100個のデータがあったとき，それを小さい順に並べ替えて最小値が0.38であったとします．もしこのデータが発生した元の分布が図2・24のようであったとすると，100個中の最小値が0.38以下となる確率は■部分の面積となりますから，もしこの分布が正しければその確率はほぼ1/100になっているはずです．

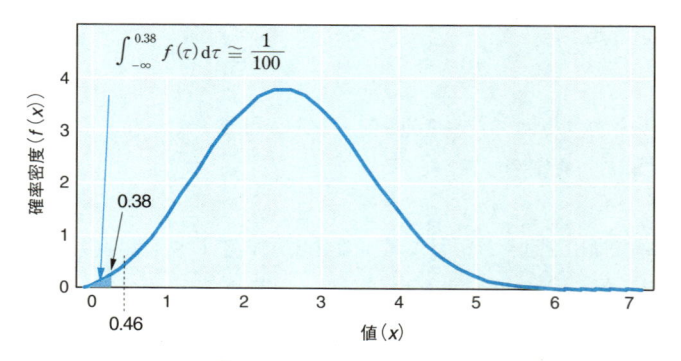

図2・24 得られた100個のデータからの最小値と2番目に小さい値が得られる確率の計算

同様にして，100個中2番目に小さいデータの値が0.46であったとすると，もしこの分布が正しければ図の破線よりも小さい領域の面積はほぼ2/100になっています．

この面積を表すのに，確率密度関数 $f(x)$ から求めたつぎのような累積確率密度関数を使うことができます．

$$F(x) = \int_{-\infty}^{x} f(\tau) d\tau$$

正規分布でないときの確率プロットの描き方

このようにして得られた $F(x)$ を縦軸に取ると，確率分布のグラフは図2・25のようになります．

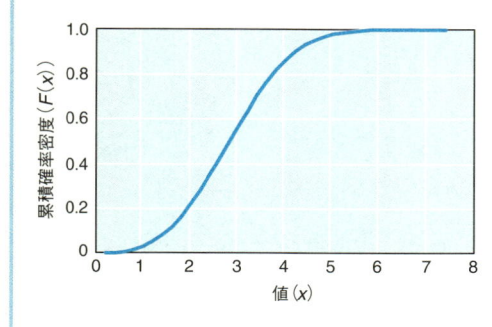

図 2・25 値 x と，その値以下の値が得られる確率 $F(x)$ との関係

100個中，一番小さい値を取るサンプルがこの分布のもとでどのような値を取るかの予測は，

$$F(x) = \frac{1}{100+1}$$

を解くことで可能です．分母の100に1を足しているのは最小のデータと最大のデータを左右対称にする（データの中央を50でなく50.5にする）ためです．

一般に確率分布が与えられたときに，そこから得られた n 個のサンプル中で小さい方から k 番目のサンプルの取る値は

$$F(x) = \frac{k}{n+1}$$

を解くことで与えられます．

したがって，累積確率分布が数式の形で求められ，しかもその逆関数 $F^{-1}(x)$ を求めることができれば，つぎのように n 個のデータに対し，

x	1番目に小さい値	2番目に小さい値	……	n 番目に小さい値
y	$F^{-1}\left(\frac{1}{n+1}\right)$	$F^{-1}\left(\frac{2}{n+1}\right)$	……	$F^{-1}\left(\frac{n}{n+1}\right)$

をプロットすることで，このデータが予想した分布になっているかどうかを確認することができます．もし予想した通りの分布になっていればデータは一直線に並びます．

このようなことが容易にできる（$F^{-1}(x)$ が容易に求められる）分布にはつぎのようなものがあります．

2. 正規分布にならないケースの例とその対処法: さまざまな確率分布

分布	密度関数 $f(x)$	累積密度関数 $F(x)$	$F^{-1}\left(\dfrac{k}{n+1}\right)$
指数分布	$\dfrac{1}{\lambda}\exp\left(-\dfrac{x}{\lambda}\right)$	$1-\exp\left(-\dfrac{x}{\lambda}\right)$	$-\lambda\ln\left(1-\dfrac{k}{n+1}\right)$
ガンベル分布	$\dfrac{1}{\alpha}\exp\left(-\dfrac{x-b}{a}\right)\exp\left(-\exp\left(-\dfrac{x-b}{a}\right)\right)$	$\exp\left(-\exp\left(-\dfrac{x-b}{a}\right)\right)$	$-a\ln\left(-\ln\left(\dfrac{k}{n+1}\right)\right)+b$
ワイブル分布	$\dfrac{m(x-\gamma)^{m-1}}{\alpha}\exp\left(-\dfrac{(x-\gamma)^m}{\alpha}\right)$	$1-\exp\left(-\dfrac{(x-\gamma)^m}{\alpha}\right)$	$\sqrt[m]{\alpha}\sqrt[m]{-\ln\left(1-\dfrac{k}{n+1}\right)}+\gamma$

$m=2$ のときにワイブル分布はレイリー分布になります.

　これらの分布でありがたいのは，分布形状を決めるパラメーター（指数分布の λ やガンベル分布の a,b）が直線式の傾きや切片として得られることです．したがって確率プロットを描いたときにデータが一直線に並べば，その傾きや切片を求めることで分布の形状をほぼ特定することができます．

　図2・26ではガンベル分布の場合を表してみましたが，0を挟んだデータが密な部分できれいな直線状にデータが並んでいますので，このデータはガンベル分布に従ってばらついていると判断できます．そこでデータが密にある部分で直線に当てはめることで，傾きと切片から $a=3.59$，$b=323$（グラフの縦横が逆であることに注意）と求まり，分布が決まります．

$$F(x)=\exp\left(-\exp\left(-\frac{x-323}{3.59}\right)\right)$$

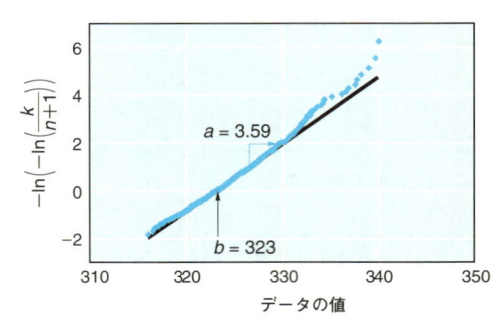

図 2・26 ガンベル分布の確率プロット

　この分布の逆関数 F^{-1} を使ってデータの信頼区間を求めることができます．たとえばデータの95%信頼区間を求めるのであれば，$F^{-1}(0.975)$ と $F^{-1}(0.025)$ を計算します．上の例では $F^{-1}(0.975)=-3.59\cdot\ln(-\ln(0.975))+323=336$，$F^{-1}(0.025)=-3.59\cdot\ln(-\ln(0.025))+323=318$ となりました．したがって，95%の確率で，この分布から得られたデータは318と336の間に入る，ということができます．

3 違いを判断する：分散分析

　　二つのものを比較して，差がある・ないといった判断をすることは，製品やプロセスの改善効果の評価，あるいはトラブル発生時の原因究明などさまざまな状況で必要になることと思います．その際に気を付けなければいけないのは，同一条件でも性能や特性値にはばらつきがあり，少ないサンプルではそのばらつきの影響によって本来差がないものがあるように，あるいは逆に差があるものがないと見えてしまう危険性があるということです．その落とし穴に陥らないための考え方について，分散分析の手法を絡めながらここでは論じていきます．

3・1　繰返し実験の重要性：まずはグラフを描こう

　データを取って判断をすることが必要なケースでよくあるのが，条件を変えたときに結果に差が生じたかどうかの判定です．ところがやり方に気を付けないと"**実際は効果が出ていないにもかかわらず効果があったと見誤ってしまう**"ケースや"**本当は効果はあったのだけれどもそれを見落としてしまう**"ケースがあとを絶ちません．

　この理由にはデータの取り方がおかしいとか，思い込みが強いあまり都合の悪いデータをつい見落としてしまうといったこともありますが，それと同時に"データにはばらつきがあるものだ"ということを考えていないための失敗も無視できないように思います．

　たとえば，生産性向上のために化学反応の触媒を新しいものに切り替えるケースを考えてみましょう．一番手っ取り早い比較は，図3・1のように触媒切り替え前の製品収率と切り替え後の収率をそれぞれ1点ずつで比較することです．が，これでは正しい比較はできません．

　なぜなら，触媒を変えたことにより収率が変わる以外にも，原料の組成の微妙な変化とか，反応温度の揺らぎのように収率に影響を及ぼす要因は数限りなくあり，そのすべてを同じにして比較することはできないからです．もしかすると新触媒を

使ったとき，全く別の収率を良くする効果がたまたま働いたために一見触媒を変えた効果が出たようにみえてしまうこともあり得るのですが，それは1点だけの比較では判定できません．

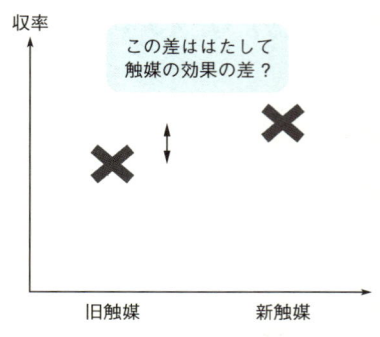

図 3・1 触媒変更の効果の比較

このような場合は，通常同じ触媒でできるだけ試験の条件をそろえて何度か繰返し実験をします．すると図3・1の1点ずつの比較に加えて，青色の追加データからばらつきが評価できるようになります．図3・2のような同一触媒では結果のばらつきが小さいケースと図3・3のようなばらつきが大きい結果の出るケースがあるでしょう．

感覚的にも，図3・2のように実験のばらつきが小さいケースは触媒の効果はありそうに思えますし，図3・3のようなケースはたまたま1点ずつの比較では差が出たようにみえただけで，実は触媒の差はない（正確には差があると判断するには，他の要因からくるばらつきが大きすぎて判断できない）ということがいえそうです．

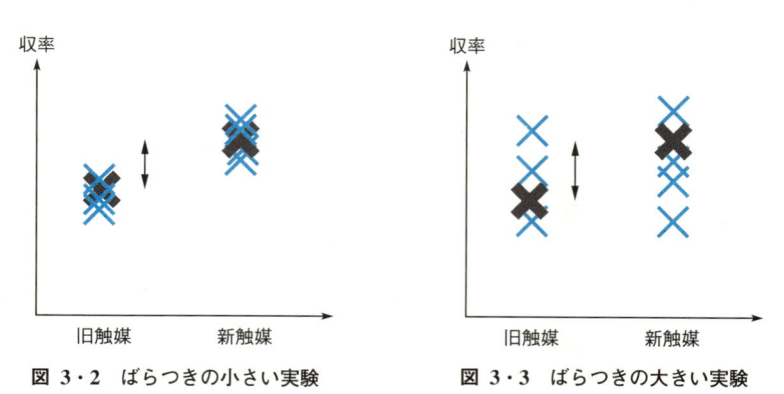

図 3・2 ばらつきの小さい実験

図 3・3 ばらつきの大きい実験

3・1 繰返し実験の重要性：まずはグラフを描こう

つまり条件を変えた効果の差は，同じ条件でのばらつきの大きさよりも十分に大きいときにのみ効果が実際にあった，と判断するべきなのです．

このように実験を繰返し行い，繰返した結果を図の形で描いてみると，人間の直感力は大変なもので，効果があったかどうかが二つの結果のばらつきの重なり具合からかなりはっきりとみえてくるのです．

ほかにも図3・4のように，結果のばらつきが旧触媒と新触媒で極端に違っているケースなども両者の間には何か本質的な違いがありそうだ，ということが判断できます．まずは繰返し実験の結果をグラフに描いてしっかりと眺めてみましょう．

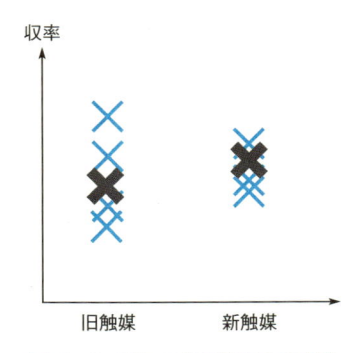

図 3・4　ばらつきの差のある実験

繰返し点が十分な数取られていれば，ここで差がありそうだ，と直感的に判断するだけでもよい，とさえいえるのです．

せっかく繰返し実験を行っているにもかかわらず，よくやりがちな間違いにつぎのようなものがあります．実験結果の平均値を求めて，その差だけでもって効果のある・なしを判断してしまうという誤りです．図3・5の左のように平均を取る前の生データもグラフに描いておけばまだよいですが，右図のように計算した平均値だけをグラフに描いて，"平均に差があるから効果ありだ"としてしまう誤りです．

このやり方の問題点はつぎのように考えるとわかりやすいでしょう．ここではそれぞれ5回の実験の平均を求めていますが，それぞれもう1回ずつ実験を増やしたとすると6回の平均値は5回のときの平均値とは当然違ったところにきます．図3・5のように同じ条件でのばらつきが大きいときには，サンプルを取り直せばこの程度の小さな平均の差など，たちまち消え去ってしまうかも知れません．5回で

はたまたま平均に差があるようにみえても，10回，100回と繰返し実験を増やしていくうちにその差がなくなったり，あるいは逆転してしまうということが容易に起きてしまいます．つまり，それぞれの平均値は有限のサンプルから計算した推定値でしかないので，ばらつきの大きさに比べてよほど大きな平均の差がついていない限り，平均値の微妙な差を当てにしてしまうと大きなどんでん返しを受ける可能性が高いので平均値だけで比較するのは危険なのです．

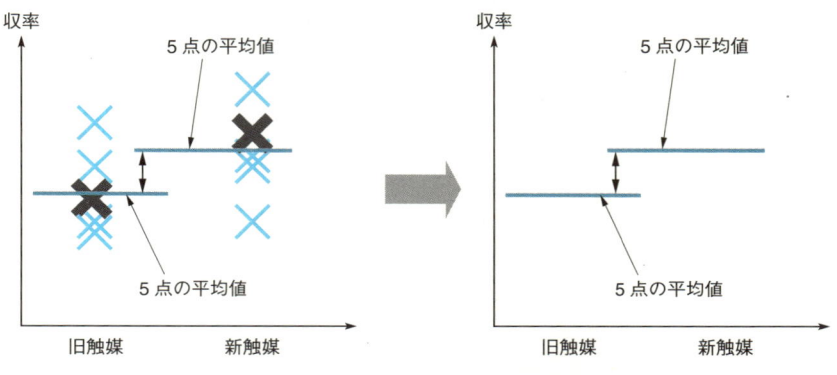

図 3・5　平均値だけでの効果の比較

　もちろん繰返しのサンプルの数が100個も200個もあるようなケースであれば，推定した平均値はサンプルを入れ替えたり増やしたりしてもそれほど揺らぎませんので，たとえわずかな差しかなくても差があると判断できるのですが，通常の実験であれば高々3～5回くらいの繰返ししか行われないことが普通でしょうから，このような場合に平均値の差だけで違いを判断するのは大きな間違いのもとです．

3・2　だめ押しとしての分散分析

　さて，ではこのように繰返し実験をしたとき，触媒を変えた効果があったのか否かを定量的に判断するのにはどうしたらよいでしょうか？
　前節でみた通り，グラフを描けば取りあえず差がありそうかどうかの判断はできますが，お客様や上司に説明するときには定量的な裏付けを求められることがよくありますから，差があることを定量的に示せることはしばしば重要となります．

3・2 だめ押しとしての分散分析

統計の考え方ではここで逆転の発想をします．"旧触媒も新触媒も効果の差は実は全然なく，実験で得られたデータがたまたま差があるように見えただけだ"とまず考え，この前提が今手元にあるデータから実際に得られるであろう確率を計算するという定量的な評価方法を考えるのです．

たとえば旧触媒と新触媒の比較で5回の繰返し実験をそれぞれ行ったとしましょう．もし旧触媒も新触媒も効果には全く違いがなく，触媒の差以外のさまざまなばらつき原因によって図3・6のような釣り鐘状正規分布のばらつきをしているものと考えると，合わせて10回の実験はこのばらつきの中からたまたま得られたものであるということになります．

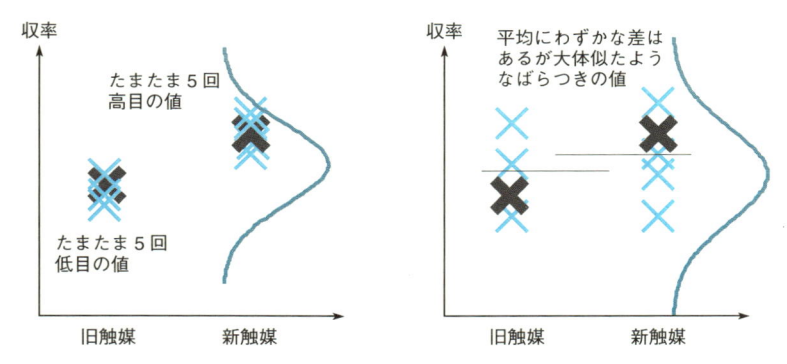

図 3・6 実は差がないものから取り出された二つのサンプル

旧触媒も新触媒も効果が一緒であるにもかかわらず，たまたま旧触媒の方は低目の値が，そしてたまたま新触媒の方は高目の値が5回も立て続けに出る，というのはきわめてまれなことであるというのは明らかでしょう．図3・6の左側のような実験結果が得られたとして，もしそのような珍しいことが起きているのだとするとその可能性はどの程度なのでしょうか？　ここで分散分析という方法を使うと，効果に差がないにもかかわらずそういう差がたまたま出る確率がp値として求められます．これが0.01であれば，同じ評価を100度繰返すと1回くらいはこのようなことが起きてもおかしくない珍しさであるということです．これをもって差があると判断するか，はたまた判断を保留するかは，触媒変更によるリスク（コストの増大など）でもって総合的に判断する必要があるでしょう．ただ，このように判断を間違う可能性を定量的に確率の形で求めることにより，より緻密な判断（リスク評価）が可能になるのです．

● 分散分析の計算方法 ●

実際の計算方法はつぎのようなものです．通常これらは表計算ソフトなどで行いますので詳しく知る必要はないのですが，考え方としては理解しておいて下さい．

❶ データからそれぞれのサンプル平均値を計算します．

旧触媒　平均　$\bar{x} = \dfrac{x_1 + x_2 + \cdots + x_k}{k}$　（実験サンプル数 k 個）

新触媒　平均　$\bar{z} = \dfrac{z_1 + z_2 + \cdots + z_l}{l}$　（実験サンプル数 l 個）

全体の平均　$\bar{m} = \dfrac{x_1 + x_2 + \cdots + x_k + z_1 + z_2 + \cdots + z_l}{k + l}$

❷ それぞれの分散を計算します．

旧触媒　分散　$v = \dfrac{(x_1 - \bar{x})^2 + (x_2 - \bar{x})^2 + \cdots + (x_k - \bar{x})^2}{k - 1}$

新触媒　分散　$w = \dfrac{(z_1 - \bar{z})^2 + (z_2 - \bar{z})^2 + \cdots + (z_l - \bar{z})^2}{l - 1}$

二つの分散の平均　$V = \dfrac{(k-1)v + (l-1)w}{k - 1 + l - 1}$

❸ つぎのようにして F 値（分散比）を計算します．

$F\text{値} = \dfrac{条件間の分散}{同一条件内の分散} = \dfrac{サンプル数 \times 平均差^2}{分散の平均値} = \dfrac{k \cdot (\bar{x} - \bar{m})^2 + l \cdot (\bar{z} - \bar{m})^2}{V}$

比較している二つの平均値の差が大きい（分子大），または同一条件でのばらつきが小さい（分母小）のときにこの F 値は大きな値を取ります（図 3・7）．

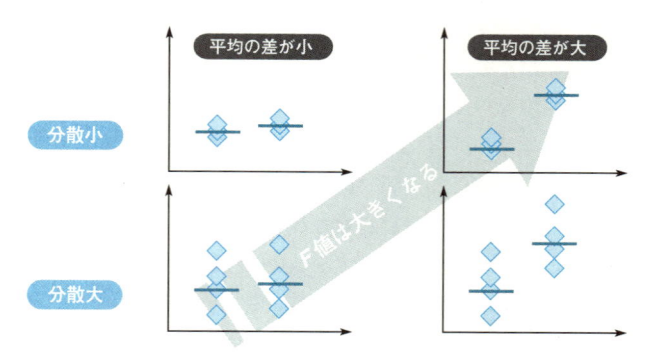

図 3・7　平均差・ばらつきと F 値との関係

3・2 だめ押しとしての分散分析

❹ この F 値が,図 3・8 のように実は全く同じところから 2 組のサンプルを取り出していると想定する.当然これが大きい値をとる確率は小さくなるが,取り出す元のばらつき(分布)が正規分布であれば,F 値の分布は **F 分布** というものになり,その確率 p を計算することができる(図 3・9).

F 値の分布は元の正規分布の平均値や分散には依存せず,そこから取り出すサンプルの数にのみ依存する.図 3・9 を描いた F 分布においてパラメーター(自由度)がそれに対応し,その一つはここでは 1(分子側).もう一つはそれぞれの実験サンプル数を k 個と l 個とすると $k+l-2$ で与えられる.

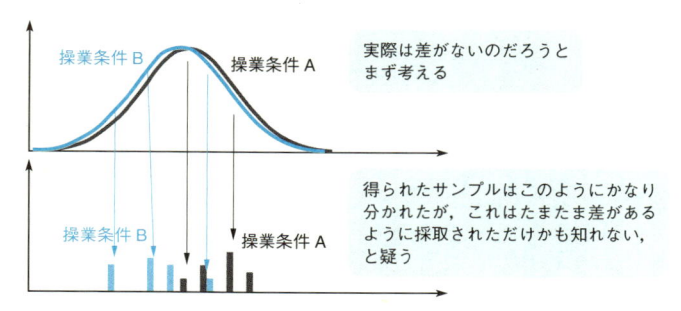

図 3・8 分散分析の考え方の前提

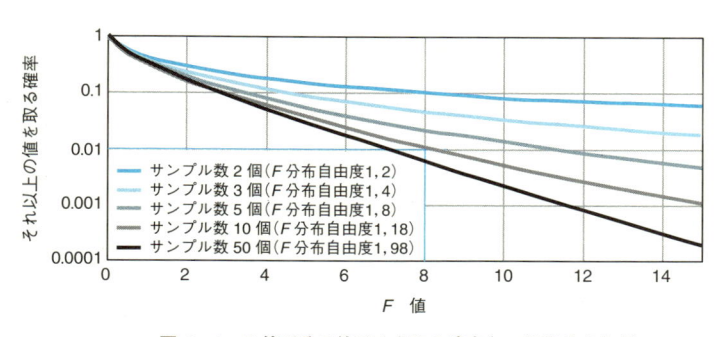

図 3・9 F 値がその値以上を取る確率(1−累積確率密度)

❺ 得られた確率 p は p 値とよばれる.もし両者に実際に差がなかったときにも,たまたま得られたサンプルから計算されたような大きさの F 値が得られる確率を示す.たとえば 5 個ずつの 2 組のサンプルを同じ集団から取り出したときにはそこから計算した F 値が 5.3 以上になる確率は 5%,11.2 より大きくなる確率は 1%.通常は p 値が 0.05 よりも小さい(95% 有意),または 0.01 よりも小さい(99% 有意)かどうかで差の有無を判定する.

例として，平均 45, 標準偏差 10 の正規分布からランダムに 2 組，5 個ずつのサンプルを取り出して F 値を計算するのを 10000 回繰返してヒストグラムにしたものを図 3・10 に示します．理論的にこの場合 F 値は自由度 1, 8 の F 分布に従うことがわかっていますので，ヒストグラムの上に理論式の線を描いてみました．発生確率が非常に低いためにばらつきの大きい F 値が大きいところを除いて非常によく一致している（当たり前ですが）ことがわかります．

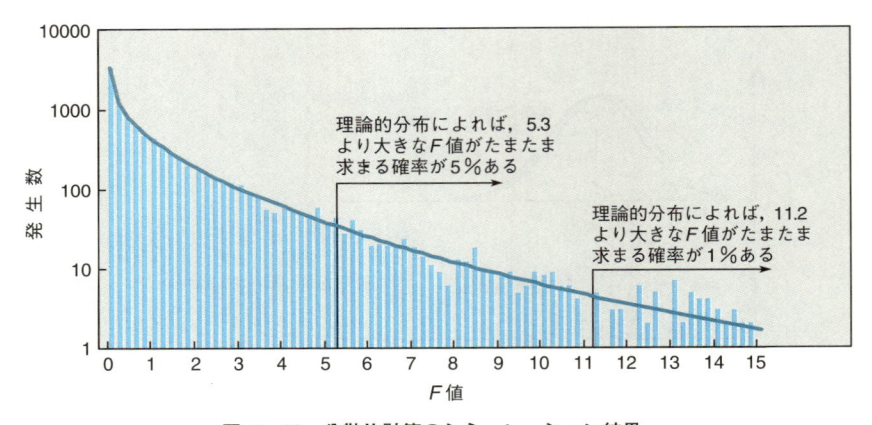

理論的分布によれば，5.3 より大きな F 値がたまたま求まる確率が 5％ ある

理論的分布によれば，11.2 より大きな F 値がたまたま求まる確率が 1％ ある

図 3・10　分散比計算のシミュレーション結果

　ということは，全く差がないものからそれぞれ 5 個ずつのサンプルを取ったとして，そこから計算した F 値がたまたま 5.3 以上になる確率は 5％あるということが理論分布からわかりますから，実際に実験で得られたデータから 5.3 という F 値が得られたときに，"新触媒と旧触媒では効果に差がある（同じ母集団からたまたま取られたものではない）"と判断すると 20 回に 1 回（5％）は間違った結論を出しているのだということになります．

　またもし F 値が 11.2 であったときには，そのような大きな F 値が同じ母集団からたまたま得られる確率は 1％以下ですから，効果があるという判断が実は間違っている確率は 100 回に 1 回以下ということがわかるのです．

　逆にいえば，かなり大きな F 値を取っているときにもそれは偶然のいたずらで，実は差がないという可能性があるということでもあります．

　ちなみにどの程度のばらつき具合でどの程度の F 値になるのかのイメージを得るために，先ほどのシミュレーション結果からいくつかの実験の組を取り出して図

3・11 に示してみました．これらはすべて実は同じものから取り出しているわけですが，このように差があるようにみえてしまうことも確率的にはあるということを示しています．グラフを眺めてみて実感と合っているでしょうか？

図(a) は元のばらつきの発生頻度（確率密度分布）です．これからたまたま取り出された 2 組 10 サンプルが他の五つのグラフです．図(b) のように感覚的にははっきり差があるようにみえるサンプルが，$p = 0.008$ ですから 100 回に 1 回程度は得られることもあるということがわかります．これよりも差が小さい，あるいはばらつきが大きいサンプルが得られて F 値がもう少し小さくなると p 値は大きくなり，それほど珍しいことではなくなってきます．

たとえば図(e), (f) ですが，この程度の平均差とばらつきであれば p 値は 0.2 ですから 5 回に 1 回は起こりうるということになります．

これは結構意外に感じられる方もおられるのではないでしょうか．全く同じものから取り出した 2 組でもこのように差があるようにみえることがけっこうあるのですから，ばらつきが大きいときの平均値の微妙な差はあまり当てにはならないということを如実に物語っているのです．たとえ分散分析の計算をしなくても，こういった感覚を身に付けておくことで，ばらつきが大きいときの平均のわずかな差に飛びついて判断を誤る，ということは大きく減らすことができます．

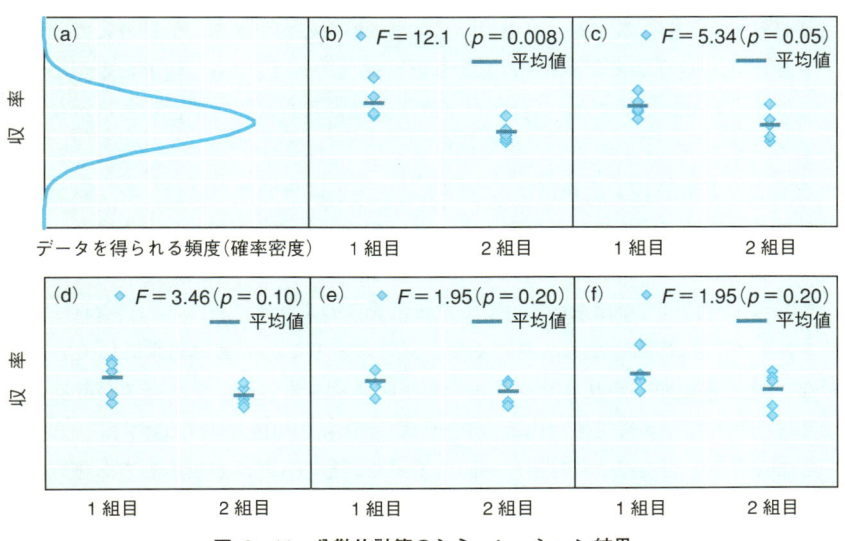

図 3・11　分散比計算のシミュレーション結果

3・3 分散分析の限界

このように役に立つ分散分析による差の検定ですが，安易に使うと痛い目に遭います．絶対にやってはいけないのはグラフを描かずに F 値の計算だけして得られた p 値（差が実際ないのに得られた F 値以上の値が得られる確率）だけで判断してしまうことです．たとえば図 3・12 をみてみましょう．

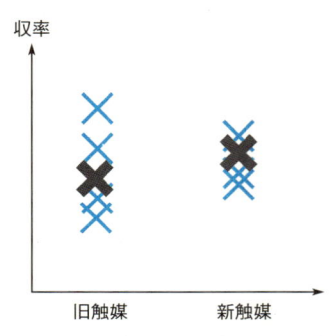

図 3・12　ばらつきの差のある実験

これは図 3・4 と同じ図です．旧触媒と新触媒ではあきらかにばらつきには差がありそうです．ところが両者の平均の差が小さいものですから，分散分析で計算した F 値は 0.03 と小さく，p 値を計算すると 0.86 となって，"もし両者に差がなくても 5 個ずつのサンプルで 86 ％はこのような F 値が得られる可能性があるから差があるとは認められない" という結論になってしまいました．

あくまで F 分布による検定は二つのサンプルのばらつきが違わないという前提で計算される量ですので，この例のように両者でばらつきが極端に違う場合，目でみた直観と F 値での計算結果は大きく食い違うことがあります．

もちろん直観の方が間違っていて，たまたまこのようにばらつきの異なる二つのサンプルが得られることもあるのですが，それでもこの p 値は過大評価です．なぜなら同じ F 値が得られるサンプルでも，図 3・13 のような 2 ケースが計算では全く区別されないからです（両者の F 値はいずれも 0.0019 で同じです）．

この図をみていただければ，左の図は差がないという結論が出てもまあ仕方ないようなばらつき形状ですが，右の図はかなりばらつきの大きさには差があり，両者に差がないと切って捨てるには惜しい形状をしています．平均差が小さいために F

3・3 分散分析の限界

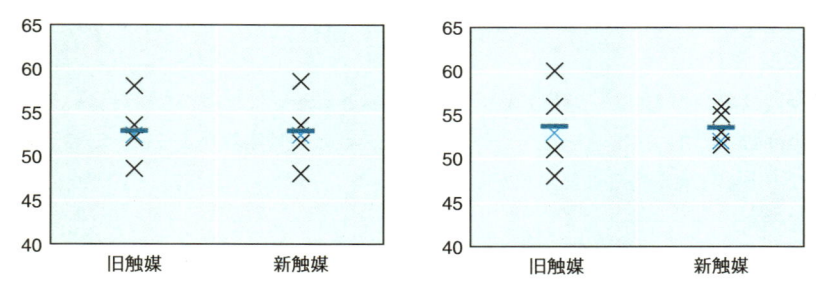

図 3・13 同じ F 値でもデータのばらつき挙動が全く違うケース

値の分子が小さくなり，また F 値の分母はそれぞれの分散の平均値ですから大きい方に引きずられて大きくなってしまっているために，右側の図においても結果として F 値は小さくなってしまっているのです．

このような場合，もう少し実験サンプルを増やしてみるか，あるいは理論的な解釈を図り別の実験評価方法を考える必要があるでしょう．（ばらつきが両者で差があるときの解析方法（ウエルチ検定）もありますがここでは割愛します．）

図3・14のようなケースも気を付ける必要があります．新触媒の方の実験のうちの1点は明らかに実験か測定のミスであることがグラフを描けば類推されるのですが，分散分析の計算ではそのことは考慮しません．

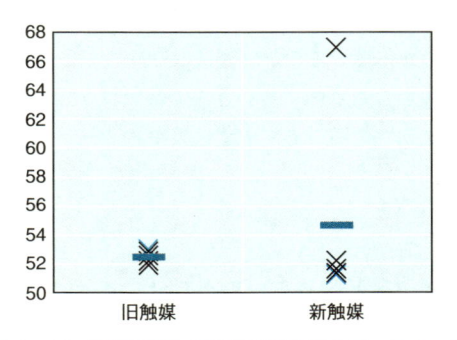

図 3・14 実験結果に異常値が紛れ込んでいるケース

通常このように1点の極端な外れ値があるようなものの場合，F 値計算の分母である分散の大きさが大きく見積もられるために F 値はあまり大きくなることはなく，この場合も F 値は 0.48（p 値 0.5）ということで，分散分析では差があることを強くは示唆しないのですが，逆に言えば実際にあるはずの差がこの外れ値のため

に見逃されるわながあります．この外れ値を取り除いて再度分散分析にかけてみましょう（図3・15）．

今度はF値が10.62，p値は0.01で，旧触媒と新触媒には差がないとはいえないという結論になってしまいました．グラフをみれば一目瞭然なように，この場合新触媒の方が性能が劣ることがわかります．

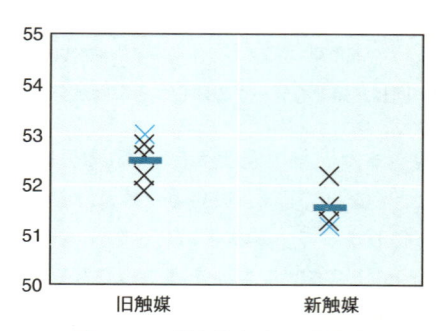

図 3・15 外れ値を除いて再解析

このように他のデータの値と比べて不自然なほど大きく外れた値がデータの中に存在する場合，分散分析のF値は小さく見積もられることが多く（実験サンプル数が2～3点と少ないときには逆に大きく見積もられることもあります），それを取り除けばみえたはずの有意な差を見落としてしまうことがあります．

外れ値と明らかにわかっているサンプルは取り除いて分散分析にかけてやる必要があるでしょう．そういった意味でもいきなり計算にかけるのではなく，2組の実験のばらつき具合をグラフに描いて，まず結果をイメージできるようにすることは重要です．

3・4　繰返しサンプルはどれくらい取ればよいのか？

前節までの議論で偶然のばらつきのあるもとでは，実際には差がないのにたまたま差があるようにみえるサンプルが得られてしまう危険性があるということをみました．逆に現実には差があるのに，偶然差がないようにみえることも起こりうるということもあります．このような偶然はサンプル数を増やすことで起こりにくくすることができる，ということは直感的にはおわかりでしょうが，ではどれくらい増やせばよいのか？　となるといかがでしょうか．

3・4 繰返しサンプルはどれくらい取ればよいのか？

統計の教科書では初めにサンプル数が決められていて，そのもとでの解析から実験結果に意味があるか（有意であるか）の判断をしているわけですが，実際の課題では，そのサンプル数をどう決めればよいか？ という実験の設計の問題を最初に考えなければならないことは非常に多くあります．そのような場合に使える判断の目安を，§3・2で議論した分散分析の手法を使って考えてみましょう．統計的には必ずしも厳密ではないですが，いろいろな意味で興味深い結果を得ることができます．

直感的に考えても，ばらつきが大きいところでの小さな平均の差は検知が難しいことはおわかりだと思います．分散分析でもデータから計算された平均差を分子に，分散（ばらつきの大きさ）を分母にした F 値というものを計算しました．そこでここでもまずこのような比を目安として考えます．

$$F_\mathrm{d} = \frac{\text{期待される平均差}}{\text{予想されるばらつきの大きさ（標準偏差）}}$$

多くのケースにおいて，実験をする際には期待している効果の大きさというのがあるのではないでしょうか．たとえば触媒の変更で，新触媒に変えたら最低でも2％程度の改善効果は欲しい，というふうな具合です．また，過去の実験から大体のばらつきの大きさというのも感覚的につかめていることが多いのではないでしょうか．全く初めてのトライでばらつきの大きさがわからないというのであれば，最悪この程度ありそうだ，という数字を入れてみてください．仮に想定したばらつきの大きさ（標準偏差）が1％であったとすると，計算された $F_\mathrm{d} = 2/1 = 2$ となります．この数字が大きければ大きいほど差の検知は容易になりますので，この比はいわば実験結果に対する自信の強さとでも考えればよいでしょう．自信があれば繰返しサンプルは大幅に減らすことができますが，その場合でも結果にばらつきがある限りにおいては常に判断を誤る可能性を0にすることはできません．

さて，先ほどとは逆に，今度は元が差があるにもかかわらず，たまたま得られたデータが差がないように見えてしまう状況を想定してみます．差がないように見えるという状況をどう表すかですが，ここで分散分析の方法を応用してみましょう．得られたデータから計算した F 値以上の値を取る確率として求められる p 値が大きいとき，両者には差があるとはいえないと判断していますのでそれを用いるのです．通常その判定に使われる p 値は 0.05（95％有意）または 0.01（99％有意）ですから，実際に差がある状況から得られたデータがこれよりも大きい p 値を取る確率というものを計算で求めてみるのです．

たとえば $F_d = 3$，つまり両者の平均差がそれぞれの標準偏差の3倍あるような元の集団（母集団）からでも，運が悪いと $p = 0.35$ といった値になる実験データの組が得られ，データからの判定では差があるとはいえないという結果が得られることがあります．このようなことになる可能性をさまざまな F_d のもとで求めてみたのが図3・16です．

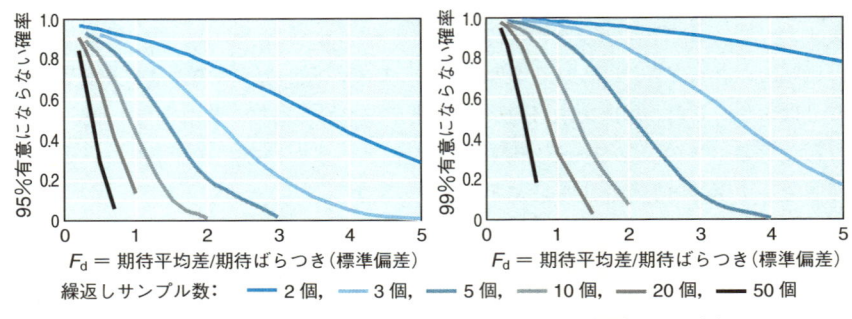

図 3・16　実際には差があるサンプルが差がないと判断される確率

縦軸：95%有意にならない確率／99%有意にならない確率
横軸：$F_d =$ 期待平均差/期待ばらつき（標準偏差）
繰返しサンプル数：2個，3個，5個，10個，20個，50個

この図で，$F_d = 3$ のところを見てみると，繰返し2個ずつでデータを取った場合，実に6割もの確率で p 値は0.05よりも大きくなる，つまり95%有意になりません．繰返し3個ずつでも p 値が0.05よりも大きくなる確率は2割近くあります．まして差がないのにあると誤判定する可能性を小さくするために99%有意水準（p 値が0.01以上を差があると判定）に取ると，これだけの差が実はあるのに繰返し2個ずつでは9割方有意にはならない，といったことがわかります．

このように $F_d = 2$（比較したい2組の平均差がばらつきの2倍）とかなり顕著な差があるものでさえ，2～3点の繰返しでは得られたデータで分散分析を行ったときに差がないと判断されてしまう可能性がかなりあることがわかります．また20～50回も繰返せば $F_d < 1$（平均差よりもばらつきの方が大きい）のサンプルでも差を検知することが可能ですが，ここまで徹底した比較が必要なこともまれでしょう．そもそもそんなにばらつきが大きい中での小さい効果を検出しても工学の世界では設計に使えないことがほとんどです．ばらつきを減らすことができない疫学やマーケット調査のような用途ならいざ知らず，製品開発の世界でまずすべきことはばらつきを小さくする工夫ではないかと思います．

ということでばらつきに比べてある程度大きな（$F_d = 1$～3）効果が検出されることを目安に，予想される F_d の大きさをにらみながら繰返し数を3～20回の間で

3・4 繰返しサンプルはどれくらい取ればよいのか？

調整するのがこの観点からの実験点数選択方法です．

現実に差がないのであれば得られたデータからも差がないという結論が（これは分散分析のp値が大きいことに相当します）得られるように，また現実に差があるときには偶然大きなp値となるようなサンプルが得られて"差があるとは言えない"という結論とならないようにするには，繰返しのサンプル数を増やすしかないのです．

ただ，この図をご覧いただければおわかりのように，繰返し数が少ないときは繰返し数を一つ増やすことによる検出力の改善は大きいですが，繰返し数が増えてくるとしだいに飽和してきます．実験や計測のコストを考慮して最適な繰返し点数をこういった情報を加味して考えることが可能です．

図3・17に横軸に繰返しサンプル数を取ったものを示しました．繰返しなし（繰返し数1）ではそもそもばらつきの評価ができませんから効果の有無の判定もできないと考えると，繰返し数1を起点とした図のようなサンプル数を増やすことによる効果の検出力の改善がみて取れます．

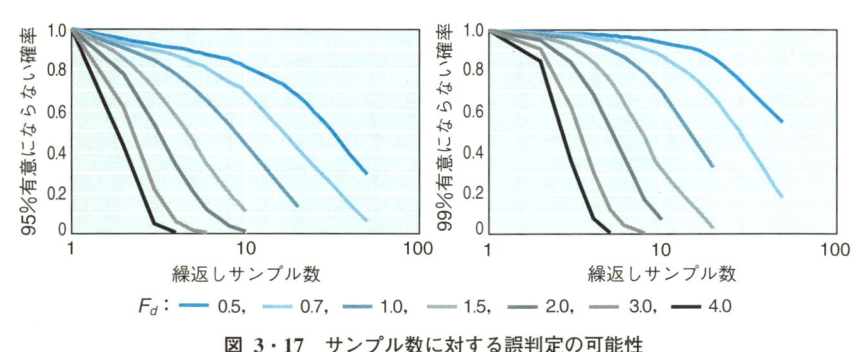

図 3・17 サンプル数に対する誤判定の可能性
F_d： 0.5, 0.7, 1.0, 1.5, 2.0, 3.0, 4.0

この図よりわかることは，

❶ $F_d > 1$のものについては，繰返し数が2〜10にかけて急激に検出力が上がっているが，$F_d < 1$では繰返しサンプル数を数十のオーダーに増やさないと差の検知は困難である．

❷ 繰返し数2や3で分散分析を行い，99％有意で効果を判定すると，意味のある効果でも切り捨てられる可能性が高く推奨できない．

などがあげられます．

結局，大きなばらつきの存在するときには，2～5点の繰返しサンプルでは$F_d > 3$を超えるようなよほど強い効果なら検出はできるものの，微妙な差異はほとんど見落とされてしまいそうなことがわかります．繰返しを数十のオーダーに増やせば$F_d ≒ 1$程度の微妙な差も検知できますが，同じ実験を繰返すのであればむしろばらつきを減らす努力を先にする方が正解であることが多くあります．

4

関係を見極める: 相関分析

　二つの特性値の間に関係があるかどうかの判定に，相関係数というものがよく用いられます．ところがこれも平均値同様，容易に計算だけはできるので本質的に間違った取り扱いをされて，数値だけがよく一人歩きをします．相関係数というものが意味をもつための条件を知り，手持ちのデータがそれに当てはまっていることをきちんと確認すること，そして有限のデータから計算した相関係数は，無限にデータを取ったときに得られるはずの値とは必ずある程度のずれをもっていることをここでは考えてみます．

4・1　相関の考え方

　"相関"という言葉ほど頻繁に使われ，いろいろな判断に使われている統計用語もないのではないでしょうか．"この物性は配合比と相関があります"とか"不純物濃度は塔底温度と相関がありそうだ"とかあまりに安易に使われ過ぎるが故に，とんでもなく誤った結論を誘導するための道具と化してしまっていることも少なくありません．この章ではその危険な相関にメスを入れ，誤って使って泣かないための，または相関のウソにだまされないためのポイントをいくつかご紹介したいと思います．

　まず相関とは何か，というところから考えてみましょう．通常相関の有無の判断のためには，たとえば図4・1のように塔底温度を横軸に，不純物濃度を縦軸にし

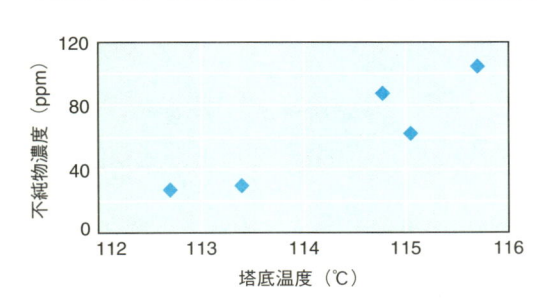

図 4・1　塔底温度と不純物の関係
　（ちなみに相関係数を計算すると 0.91）

て手持ちのデータをプロット（散布図作成）し，それを眺めて"右上がりの傾向がみられるから何か相関がありそうだ"と思ったり，ちょっと気のきいた人はデータから相関係数を計算し，"相関係数が1に近いから相関ありだ"と主張したりします．

この相関係数の計算の仕方はつぎのようなものです．

データの重心からみて，XとYそれぞれのデータがどれくらい類似して動いているかを

❶ 重心を原点にもっていき

❷ XとYのそれぞれのばらつきの大きさの影響を消すために，それぞれの標準偏差で割って規格化して新たにUとVという変数にもっていく．

$$U = \frac{(X - \overline{X})}{s_X}$$

$$V = \frac{(Y - \overline{Y})}{s_Y}$$

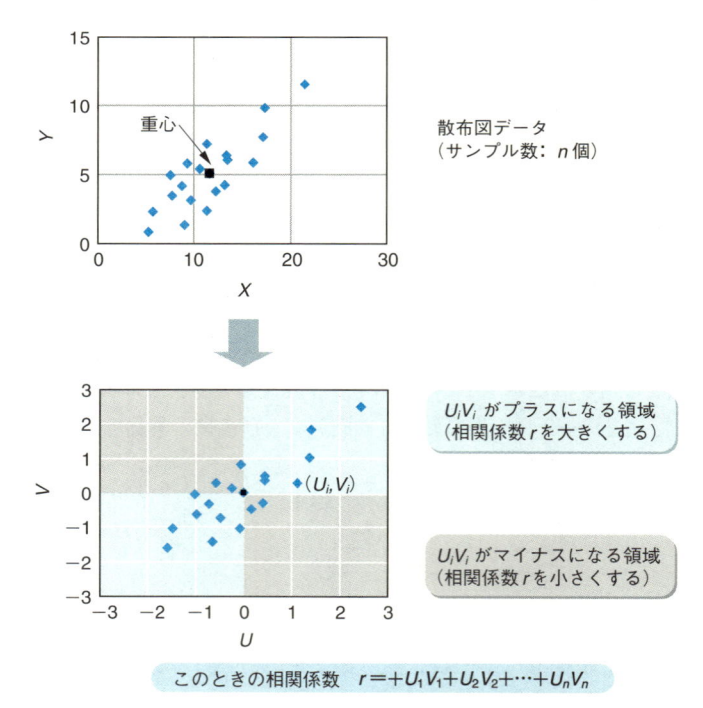

散布図データ
（サンプル数：n個）

$U_i V_i$ がプラスになる領域
（相関係数rを大きくする）

$U_i V_i$ がマイナスになる領域
（相関係数rを小さくする）

このときの相関係数　$r = + U_1 V_1 + U_2 V_2 + \cdots + U_n V_n$

図 4・2　相関係数の計算

4・1 相関の考え方

このようにして得られた U と V を用いて，図 4・2 のように計算したものが**相関係数**です．

　相関係数は右肩上がりで一直線にデータが並ぶときには +1 に，逆に右肩下がりで一直線に並ぶときは −1 になり，一直線からばらけるにつれて 0 に近い値を取ります．図 4・3 ではサンプル 10 個のいろいろな散布状態をしているデータについて相関係数を計算したものを示します．

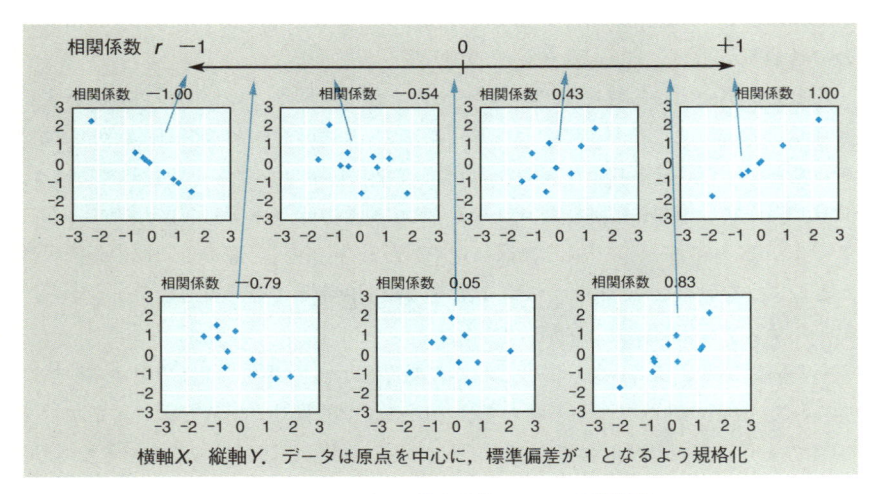

図 4・3　さまざまな散布状態における相関係数

横軸 X，縦軸 Y．データは原点を中心に，標準偏差が 1 となるよう規格化

　このようにして散布図を描いてみると，およそ +0.8 より大きい，あるいは −0.8 より小さい相関係数を取るような場合にはかなりはっきりした右上がり，あるいは右下がりの傾向が見えることがわかりますし，±0.6 程度あればおぼろけながらも傾向がみえるかも知れない，といった感じがします．相関係数の計算も大事ですが，まずこのように X と Y の散布状態をグラフにしてみるというのが最初にすべきことです．

　統計の教科書などでは目安として，

強い正の相関	+0.7 〜 +1.0
弱い正の相関	+0.4 〜 +0.7
相関なし	−0.4 〜 +0.4
弱い負の相関	−0.7 〜 −0.4
強い負の相関	−1.0 〜 −0.7

のように与えられていることがありますが，これらも多分に直感的なものなので，グラフに描いて自分の目で判断することは非常に重要です．

4・2　サンプル相関と母相関

さて，手持ちのデータから相関係数を計算することは Excel などの表計算ソフトがあれば容易にできますが，ここで得られた相関係数をどのように解釈すればよいのでしょうか．

たとえば実験で得られた 10 個のデータから温度と収率との相関係数を計算すると 0.83 となったとします．これは単に手持ちの 10 個のデータの相関係数が 0.83 であったというだけであり，さらにもう 1 個，2 個と実験サンプルを増やしていけば，計算で得られる相関係数は変わってくることはおわかりかと思います．ですからここで知りたいのは，サンプルを無限に増やしたときに温度と収率との間の相関係数がどのような値になっているかで，これを**母相関係数**とよび手持ちのデータから計算した**サンプル相関係数**と区別します．

あるいは見方を変えると，温度と収率の関係を示す無限の可能性の中から偶然に得られた 10 個のサンプルから私たちは相関係数を計算しているともいえます．図 4・4 のように無限にサンプルを取ることができれば母相関係数も計算できますが，

仮に根気よく無限に近いデータを取ったとするとこの例では相関係数は 0.9 となる

X と Y との関係を解析する場合知りたいのはこちらの値

両者は決して同じにはならない

われわれは有限のデータからしか相関係数は求められないので，得られるのはこちらの値

この 10 個のデータで計算したサンプル相関係数＝0.83

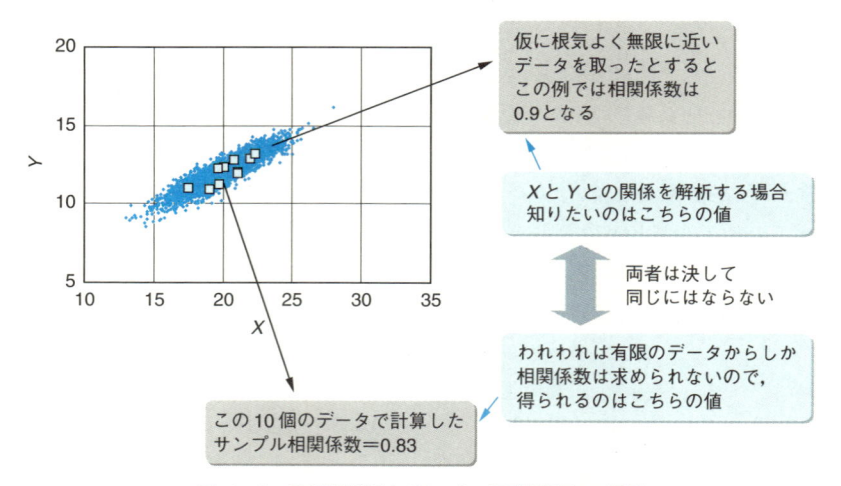

図 4・4　母相関係数とサンプル相関係数との関係

それは不可能なので手持ちのサンプルから計算したサンプル相関係数の値でもって母相関係数を予測する必要があるのです．

予測ですからやり方を誤ると実は相関がないものをあると見誤ったり，逆に相関の存在を見落としたり，といったことが起こり得ます．このような危険な目に遭わないための注意事項を以下の節で議論します．

4・3 サンプル数が少ないときの相関係数

図4・5はこの1年の円-ドルの為替の動きと，あるプラントのある製品の収率の動きをグラフ化したものです．当然のことながら関係があるとはとてもいえないのはグラフをみて一目瞭然なのですが，それはデータがたくさんあるからわかることなのです．

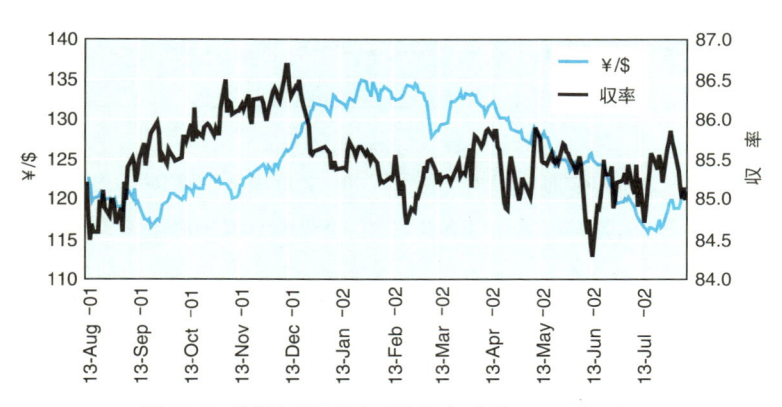

図 4・5 為替と製品収率の動き（1年分の246データ．ちなみに相関係数は0で全くの無相関）

たとえば図4・1で示した塔底温度と不純物濃度の散布図ではわずか5個しかデータがありませんので，同じようにこの為替と収率のデータからも5サンプルをいろいろ抽出して相関をみてみましょう．

図4・6ではそのうちの9通りを示しましたが，驚くべきことに相関係数はプラスになったりマイナスになったり，また右上の－0.787や中央の＋0.615のようにかなり大きい値を取っているものもあります．どのくらい結果がばらついているのかをみるために，同じことを1万回繰返してみました（図4・7）．

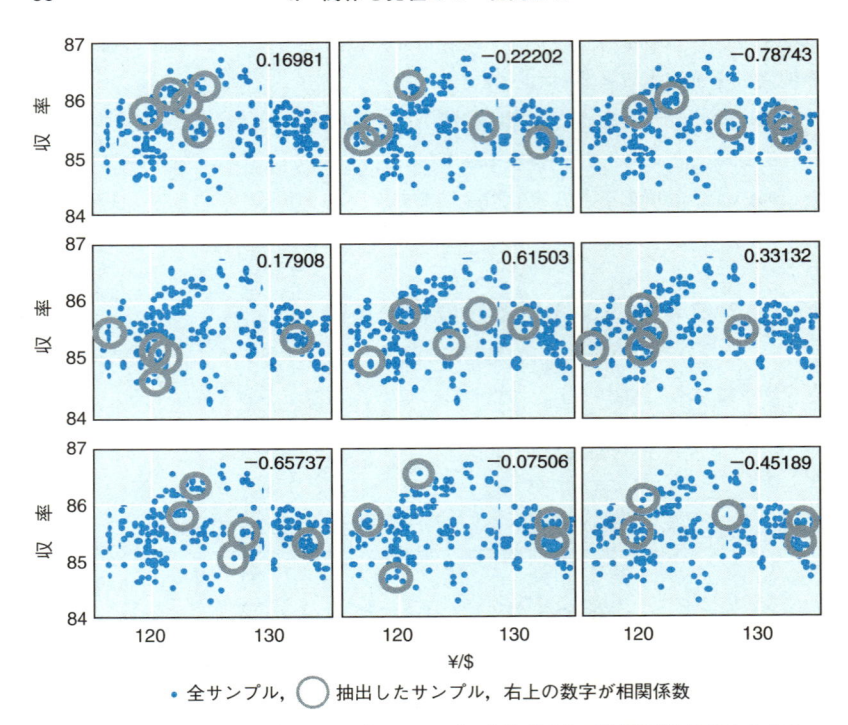

図 4・6 為替と製品収率から，5個のサンプルを取り出して相関係数を求めたもの

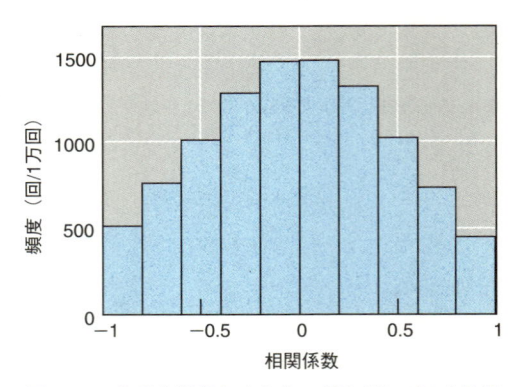

図 4・7 為替と製品収率から5個のサンプルを取り出して相関係数を求めたもの．サンプル取り出しを1万回繰返したときの相関係数の分布

4・3 サンプル数が少ないときの相関係数

何と1万回のうちの1000回近くが，±0.8を超える高い相関係数を出してきています．ということはたくさんデータがあれば相関がないことがわかるデータでも，データが少ないときには関係があるようにみえてしまう危険性がかなり高い，ということを意味しています．つまり理屈がよくわからないときに，相関係数の大きさだけから関係の有無を判断することは間違う可能性が非常に高い，ということなのです．

では，こういうわなにはまらないためにはどうしたらよいでしょうか？

なぜたくさんのデータでは相関はないのに，サンプル数が少ないときは相関があるようにみえることがあるのかというと，その少ないサンプルがたまたま一直線に近くなるように選ばれてしまっているのではないか？　と考えられます．実際1万回の繰返しの中で最高の相関係数 0.998 を出したケースを図4・8に示します．1万回に1度くらいはこのようなことが起きてもおかしくないということをこの試行結果は示していることに注目しましょう．

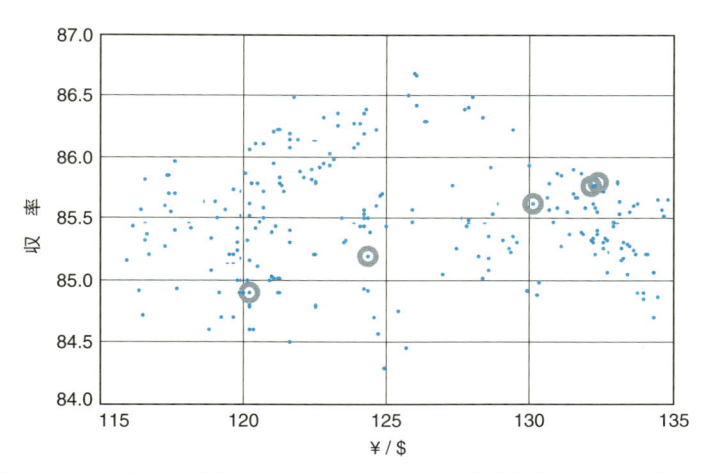

図 4・8 相関のない関係からきわめて高いサンプル相関係数が得られたケース

ただ，これはサンプル数が5個と非常に少なかったことから起きたことではないでしょうか．サンプルが10個，20個と増えていくにつれて図4・8のようにたまたま一直線にサンプルが並ぶ可能性はどんどん低くなり，結果として極端に外れた相関係数が得られる可能性もほとんどなくなることがわかります．

4点や5点のサンプルではこのように偶然のいたずらによって，本来は相関がないにもかかわらず，サンプルから計算した相関係数が大きな値を取ってしまって相関ありと見誤ることがよくあります．相関係数だけをうのみにせず，背後に隠れたメカニズムの考察が重要であり，くれぐれも"よくわからないけれども相関係数が高いから相関ありだ"という結論は出さないようにすることが肝心です．あくまで4〜5点のサンプルで何かがいえるとすれば，それは背後にあるメカニズムについての仮説が，それらサンプルできれいに裏付けられたというような場合にとどめるべきでしょう．

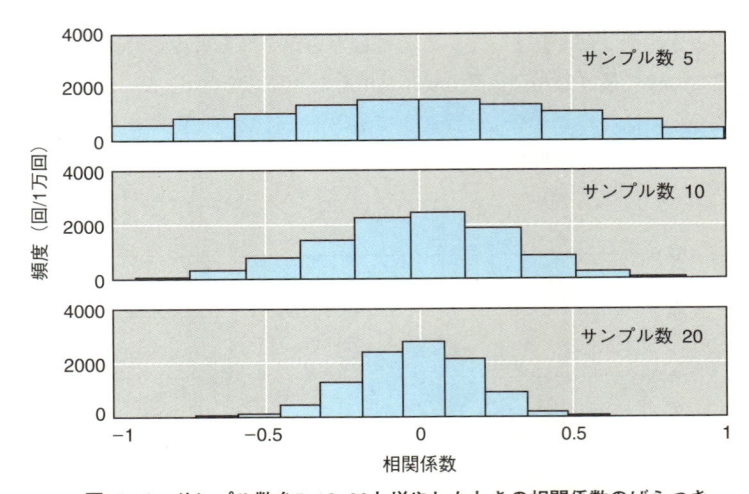

図 4・9 サンプル数を5, 10, 20と増やしたときの相関係数のばらつき

4・4 相関発生のメカニズム

さて，それでは手持ちのデータからサンプル相関が求まったときに，もとのXとYとの相関（母相関）がどの程度であるかを見積もるのにはどうすればよいのでしょうか？

そのことを議論する前に，相関というのはなぜ発生するのかをもう少し根源的にみてみましょう．この節で議論したことを前提として，母相関の信頼区間などの評価が初めて可能になりますし，何よりどのような場合に相関係数という評価尺度は意味をもつのかがみえてきますのでこれは重要です．

4・4 相関発生のメカニズム

第1章で，計測値をばらつかせるのは無数の要因があり，それらが互いに無関係に作用を及ぼし合っているために多くのばらつきは正規分布状になるという議論をしました．相関を求める二つの変数 X と Y それぞれについても同じことがいえて，それぞれ無数のばらつき要因がはたらいて値を振らせています．

ここでばらつき要因についてもう少し詳細にみてみると，

❶ X のみに影響を及ぼすもの
❷ Y のみに影響を及ぼすもの
❸ X と Y 両方に影響を及ぼすもの

の三つがあることがわかります．X のみに影響を及ぼすものは Y の値は動かしませんから，X と Y との相関関係を崩す方向にはたらきます．Y のみに影響を及ぼすものも同様です．他方 ❸ のように X と Y 両方に影響を及ぼすものはこれらとは逆に X と Y の相関関係を高める方向にはたらくのではないでしょうか．このことを図 4・10 で示します．

無数のばらつき要因が足し合わさって影響を及ぼすとしていますので，多くの場合には X も Y も正規分布状にばらつきます．しかしばらつき要因の中で共通なものの多さに応じて，X と Y との相関関係は図 4・10 のようにさまざまに変わって

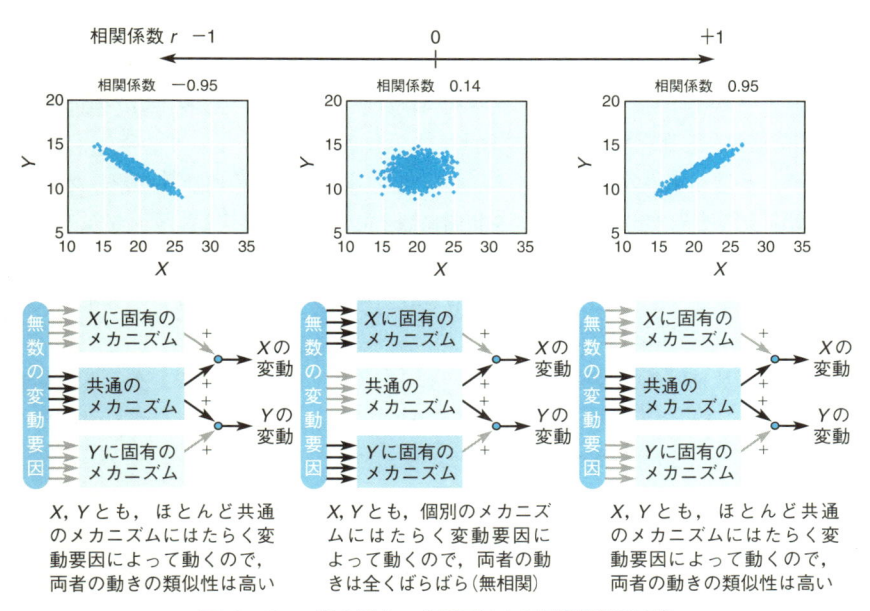

図 4・10 3種のばらつき要因による相関関係の変化

きます．X, Yを個別にばらつかせるものが全くないのであればXとYとは全く同じ動きをするはずですから散布図を描けばデータは一直線に並んで相関係数は$+1$か-1に，逆にX, Yに共通に影響を及ぼす要因が全くないのであれば両者は全く関係ない動きをするはずですから散布図を描くと丸い雲状になって相関係数は0になります．現実には❶〜❸の変動要因は対象によってさまざまな割合で混ざっていますので，散布状態はこの中間，相関係数も-1〜$+1$の間のいずれかの値を取ります．

このようにXとYが正規分布状にばらつき，かつXとYとの間の関係が無相関から完全相関までのさまざまな値を取るようなものを2次元正規分布とよびます．実際の対象は必ずしもこのような分布になっている保証はないのですが，そうなっていることが多いであろうという前提のもとでつぎの§4・5のような相関係数の信頼区間の評価を行うことが可能となります．

4・5　相関係数の"ばらつき"の評価
🔵 相関係数のばらつきと正規分布

§4・4でみたように，無数の変動要因によって振らされたXとYは2次元正規分布に従ってばらついていることが多くあります．分布の形状がわかっていれば，そこから取り出したサンプルの挙動は理論的に解析が可能となりますので，ここでもそれをみることで，有限のサンプルから得たサンプル相関係数から元の相関係数（母相関係数）の推定評価を行ってみることにします．

実際に2次元正規分布に従ってばらついているデータ（相関係数0.87）から10個のサンプルを取り出し，サンプル相関係数を計算してみますと，サンプルの取られ方によって相関係数は$0.83, 0.75, 0.91 \cdots$というようにばらつきますが，十分多くの繰返しを行うと，サンプルから計算された相関係数はある決まった分布形状に従ってばらついています（図4・11）．

母相関係数をいろいろ変えて同じように10点のサンプル相関の分布をみてみました．図4・12に結果を示しますが，第2章で議論したように分布が相関係数の± 1の壁のためにひずんでいることがわかります．

母相関係数ρが-1や$+1$に近いところでは，もとのデータがほぼ直線に並んでいるので，サンプルをどう選ぼうが直線に近いはずですからサンプル相関係数rの分布も狭くなります．またXとYの相関がなく，± 1の壁の制約を受けにくい$\rho = 0$の付近では，分布は正規分布に近いように見受けられます．

母相関係数 0.87
サンプル相関係数 0.91
母相関係数 0.87
サンプル相関係数 0.62
母相関係数 0.87
サンプル相関係数 0.62
10 個のサンプルを繰返し取って相関係数を計算
母相関＝0.67
頻度
相関係数
正規分布ではない“ある”形状をもった分布でサンプル相関係数は母相関のまわりをばらつく
2000 回の繰返し実験での発生頻度をグラフ化

図 4・11　2 次元正規分布から取り出したサンプルによる相関係数のばらつき

頻度（回/1000 回）
ρ: 0.9
ρ: 0.8
ρ: 0.7
ρ: 0.5
ρ: 0.2
相関係数 r

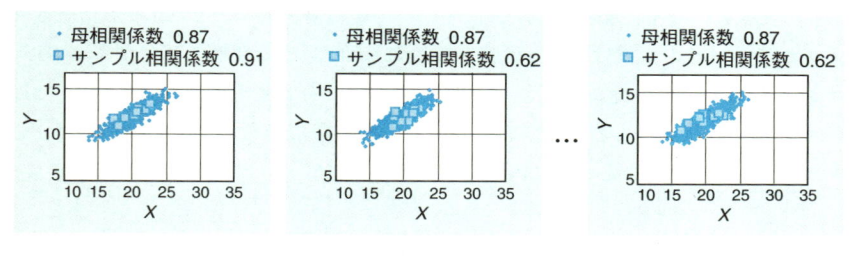

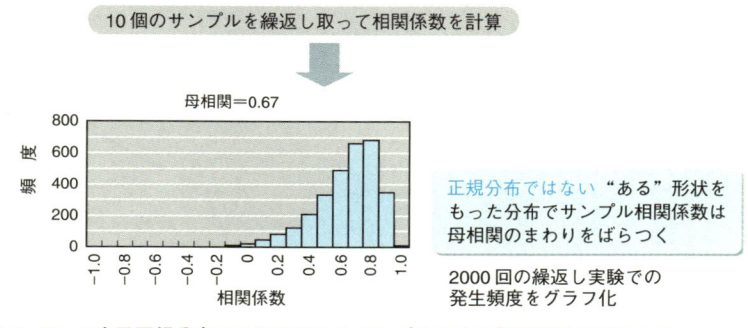

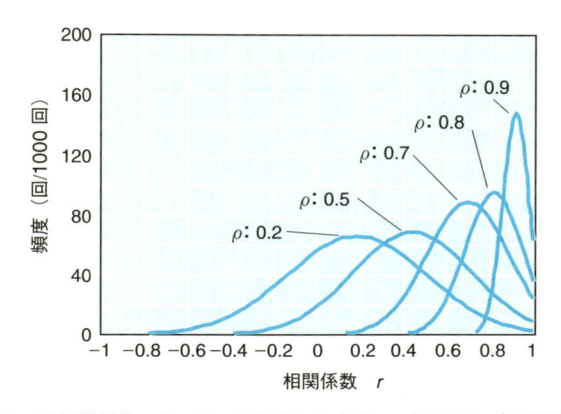

図 4・12　母相関係数 ρ をいろいろ変えたときの 10 点のサンプル相関の分布

そこで§2・3 で紹介したロジット変換の手法を使って ±1の制約を外し，これらの分布を正規分布に近づけることを試みてみます．

$$z = \frac{1}{2}\ln\frac{1+r}{1-r}$$

この変換によって，相関係数 r は，$-\infty \sim +\infty$ の値を取る z という変数に置き換えられます（この変換は特に z 変換とよばれます）．この変換で都合がよいのは，サンプル相関係数の分布が正規分布に近いようにみえた母相関係数 $\rho = 0$ 付近（$r = 0$ 付近）はほとんど値が変わらず，両端の極端に分布がひずんでいる部分を大きく引き延ばしていることにあります（図 4・13）．

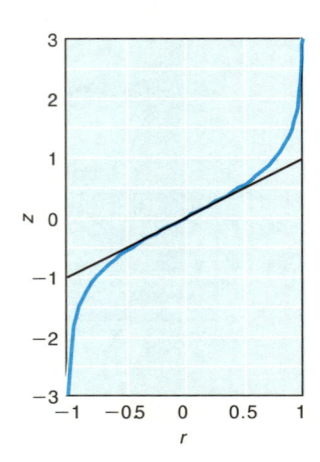

図 4・13 z 変換による相関係数 r の変数変換

変換後の z を横軸にして，先ほどの図 4・12 のように母相関係数 ρ をいろいろ変えたときのサンプル相関係数の分布形状を見てみます（図 4・14）．このスケール z

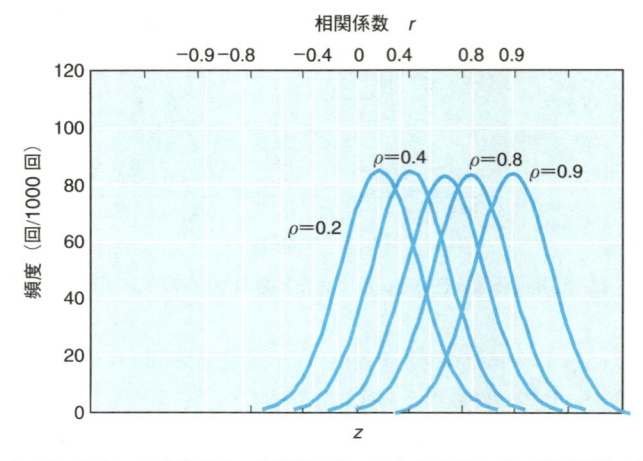

図 4・14 スケール変換後の z を横軸に取ったときのサンプル相関係数の分布

で眺めると母相関係数が違っても平均値がずれるのみで、分布の形は正規分布状で変わらないサンプル相関係数の分布が得られそうです

理論的にこのように変換した z の世界では、母相関係数 ρ の n 個のサンプルから計算したサンプル相関係数の分布は正規分布となり、その平均と標準偏差はそれぞれつぎのようになることがわかっています.

$$平均 \quad \zeta = \frac{1}{2}\ln\frac{1+\rho}{1-\rho} \quad (母相関係数 \rho の z 変換値)$$

$$標準偏差 \quad \sigma = \sqrt{\frac{1}{n-3}} \quad (サンプル数 n のみに依存)$$

このように z 変換した世界でサンプル相関係数の分布は正規分布になるということは、すでに多くの評価方法が編み出されている正規分布の信頼区間計算の方法が使えるという利点が生かせます. しかもありがたいことに、ここでの正規分布のばらつきの大きさである標準偏差はサンプル分散を計算するサンプル数のみに依存するので、信頼区間評価の計算は非常に容易となるのです.

● 相関係数の信頼区間の計算法

先ほどの例の解析を続けます. 母相関係数が 0.87 である X と Y から取り出すサンプル数が 5 個のときのサンプル相関係数 r の値が 95% の確率でどの範囲になるかの評価を行ってみましょう.

z 変換を施すことにより、このサンプル相関係数の分布 $r \to z$ は正規分布になります. その平均値 ζ は計算で 1.33、また標準偏差(分散の平方根)は同様に 0.71 と求まります.

$$平均 \quad \zeta = \frac{1}{2}\ln\frac{1+0.87}{1-0.87} = 1.33$$

$$標準偏差 \quad \sigma = \sqrt{\frac{1}{5-3}} = 0.71$$

正規分布に従うデータは、その 95% が平均 μ を挟んだ標準偏差 σ の 1.96 倍の範囲内 ($\mu - 1.96\sigma \sim \mu + 1.96\sigma$) に入ることが理論的にわかっています. したがって正規分布に従うこのサンプル相関の z 変換値は、その 95% が $z = 1.33 - 1.96 \times 0.71 = -0.06$ と $z = 1.33 + 1.96 \times 0.71 = 2.72$ の範囲に入ります. この値を逆変換 (z^{-1} 変換) して r に戻してやるとそれぞれ -0.06 と 0.99 となり、このサンプル相関係数は 95% の可能性でこの範囲に入ることがわかります. もとの相関係数は 0.87 と相当大きいにもかかわらず、5 点のサンプルから計算した場合には、信頼

区間からみると 0 に近いような相関係数が得られる可能性があることに注目しましょう．

$$r = \frac{e^{2z} - 1}{e^{2z} + 1} \quad (z^{-1} \text{変換})$$

一連の計算の流れを図 4・15 に，母相関係数 ρ とサンプル数 n をいろいろ変えて，サンプル相関係数の 95 ％信頼区間を求めて図示したものを図 4・16 に示します．

サンプル数 n が少ないとかなり信頼区間幅が広くなるのは §4・3 で議論した通りで，$\rho = 0$（相関が全くない）においても，サンプル数 $n = 5$ のサンプル相関係数の 95 ％信頼区間は $-0.88 \sim 0.88$ と相当幅広くなってしまっています．このことが，§4・3 の為替と製品収率の相関のように，元の相関 $\rho = 0$ であるにもかかわらずサンプル数が 5 個ではかなりの頻度で一見相関のありそうなサンプルが得られてしまう大きな原因であることが，この図からもわかります．

また，サンプル数を増やすと信頼区間の幅が狭くなっていくことも，図 4・16 で上下限の幅が狭くなっていくことで確認できます．

現実には元の相関係数（母相関係数）はデータを無限に取らないとわからないので，私たちが扱わなければならない問題は，n 個のデータからサンプル相関係数 r を計算したときに，その値 r とサンプル数 n から元の母相関係数 ρ がどの範囲にある可能性が高いかを推定することです．たとえば 5 個のデータからサンプル相関を計算したところ -0.72 であったとしましょう．このとき元の相関係数（母相関係数）ρ は 95 ％の確率でどの範囲にあるといえるのでしょうか？

サンプル相関 $r = -0.72$ のときの母相関係数 ρ の信頼区間幅を図 4・16 に描き加えたものを図 4・17 に示します．この区間幅は，母相関係数 ρ がわかっている

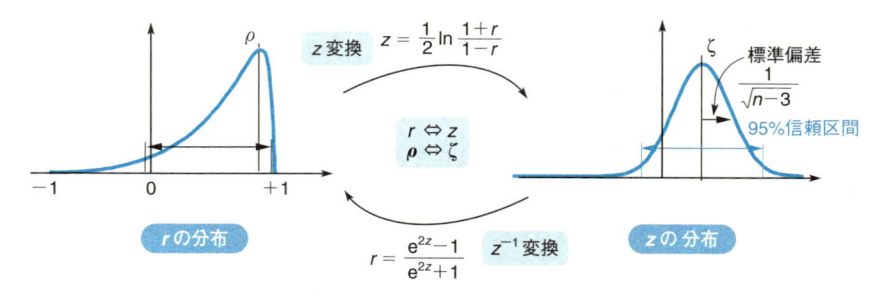

図 4・15 z 変換によるサンプル相関係数の信頼区間の算出

4・5 相関係数の"ばらつき"の評価

ときのサンプル相関係数 r の取りうる信頼区間の評価を縦横転置した形になっていますから，先ほどサンプル相関係数 r の信頼区間を求めたのとそっくり同じ方法で，サンプル相関係数 r から母相関係数の信頼区間を求めることができます．

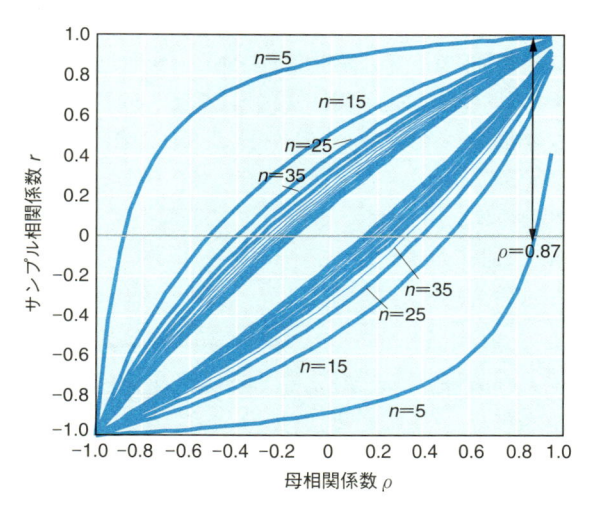

図 4・16 サンプル相関係数の95％信頼区間
(上下限をサンプル数 n ごとに示す)

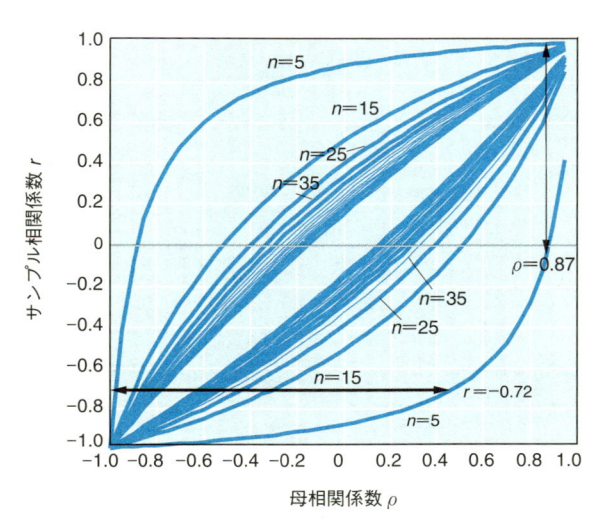

図 4・17 5点のサンプル相関係数 $r=-0.72$ が得られたときの母相関係数 95％信頼区間

すなわち，サンプル相関係数 $r = -0.72$ を z 変換して得られた値 -0.91 が平均値，サンプル数 $n = 5$ ですから z 変換後の正規分布の標準偏差は先ほどと同じ 0.71，したがって z での正規分布の 95 ％信頼区間は $-0.91 - 1.96 \times 0.71 = -2.30$ と，$-0.91 + 1.96 \times 0.71 = 0.48$ の間になります．これらの値を逆変換すれば母相関の 95 ％信頼区間になって，結局 5 点のサンプルから得られた相関係数 $r = -0.72$ のときは 95 ％の確率で母相関係数は $-0.98 \sim 0.44$ の間に入っているというように，サンプル相関 r と母相関 ρ を置き換えるだけで先ほどと全く同じ手順で計算ができるのです．

最後にサンプル相関係数 r が得られたときの，元の相関係数（母相関係数）の信頼区間の計算方法をまとめておきます．

● サンプル相関から母相関の信頼区間幅の推算方法 ●

❶ n 個のデータからサンプル相関係数 r を計算する．

❷ z 変換の式によって，この値 r を z に変換する．
$$z = \frac{1}{2} \ln \frac{1+r}{1-r}$$

❸ z 変換後の世界での相関係数の分布の標準偏差 s をデータ数 n から計算する．
$$s = \sqrt{\frac{1}{n-3}}$$

❹ z 変換後の世界での相関係数の分布（正規分布）で信頼区間上下限をつぎのように計算する．

$$z_- = z - k \cdot s \quad \text{下限}$$
$$z_+ = z + k \cdot s \quad \text{上限}$$
$$k = 1.64 \quad (90 \text{ ％信頼区間})$$
$$k = 1.96 \quad (95 \text{ ％信頼区間})$$
$$k = 2.58 \quad (99 \text{ ％信頼区間})$$

❺ 逆 z 変換をそれぞれの上下限に対して施し，母相関係数が存在しうる範囲（上下限）を求める．

$$\rho_- = \frac{e^{2z_-} - 1}{e^{2z_-} + 1} \quad (\text{下限})$$

$$\rho_+ = \frac{e^{2z_+} - 1}{e^{2z_+} + 1} \quad (\text{上限})$$

4・6 信頼区間幅とサンプル数との関係

前節の図4・16をご覧いただくと,サンプル相関係数を計算するデータ数 n が増えるのに応じて信頼区間の幅が狭くなっていますが,その狭くなる程度はサンプル数 n が小さいときは大きく,サンプル数が増えていくにつれて信頼区間線の目が詰まってきており,信頼区間を狭くする効果はサンプル数が多くなると飽和してくるようにみえます.この節ではその効果をもう少し詳しくみてみましょう.

信頼区間がサンプル数の増加に応じて狭くなる効果は,z 変換後の正規分布の標準偏差がサンプル数 $n-3$ の平方根に反比例して小さくなることにあります.そこでまずサンプル数 n と z 変換後の正規分布の標準偏差との関係を図4・18に示します.

$$s = \sqrt{\frac{1}{n-3}}$$

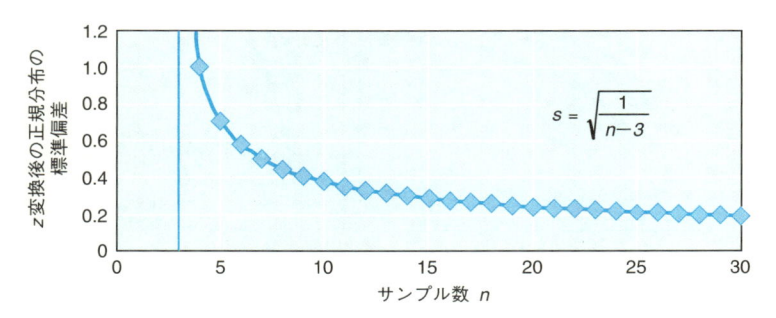

図 4・18 相関を計算するサンプル数 n と z 変換後の分布の標準偏差の大きさ

n が3以下では標準偏差が計算できませんからサンプル数 n は4以上になりますが,$n=10$ くらいまでは急激に標準偏差は小さくなり,あとはゆるやかにしか減っていきません.結果として逆変換後の信頼区間の縮小幅も $n=10$ 程度までは大きいですが,あとはしだいに減少幅は飽和していくのだと考えられます.

これは z 変換後の世界ですから,逆変換をかけて相関係数の世界で信頼区間をみてみましょう.$r=\pm 1$ に近いほど圧縮される非線形の変換ですので,相関係数の値をいくつか変えてみてみます.サンプル相関係数 r として 0,0.5,0.7,0.9 がサンプル数 n のときに得られた際に,母相関係数 ρ がそれぞれ 80%,90%,95%,99% の確率で存在しうる範囲を図4・19では示しています.サンプル相関係数が -0.5,-0.7,-0.9 の場合のグラフは相関係数0のところを軸に上下対象にひっくり返せば得られますので,ほぼこれら四つのグラフで相関係数 r が $-0.9 \sim 0.9$ の範囲での信頼区間の状況はイメージできるのではないでしょうか.

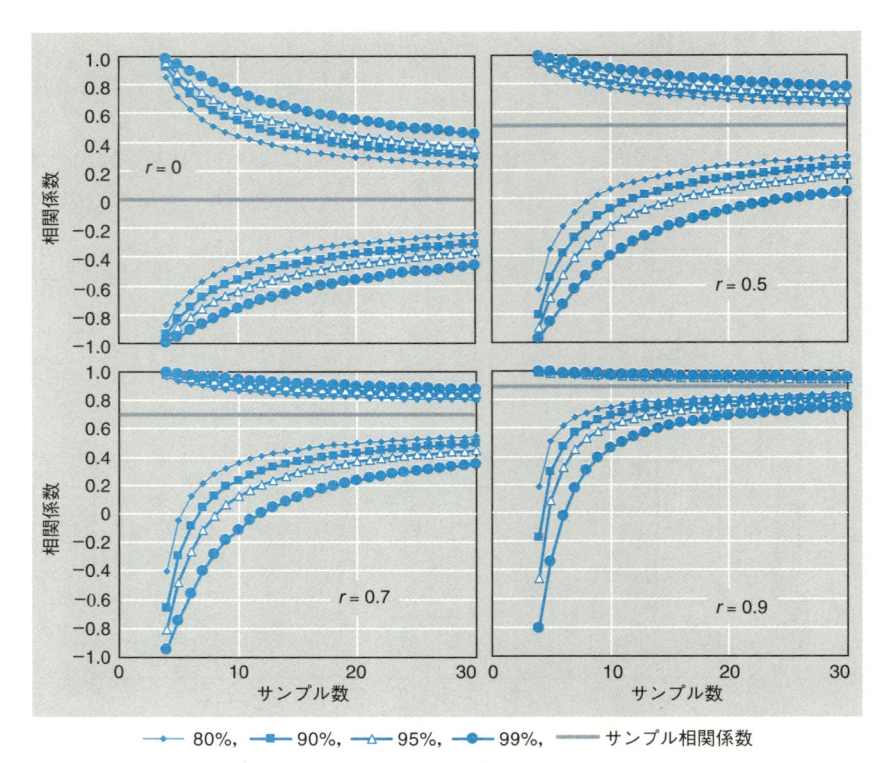

図 4・19 さまざまなサンプル相関係数における母相関係数推定.
信頼区間幅のサンプル数に対する依存性

これをみてわかることは

❶ サンプル数 n が 10 以下のところでは信頼区間幅は非常に広い.特に $n = 4$ ではほとんど相関係数の取りうる ±1 の間のすべての領域の値を取る可能性がある.

> ☛ サンプル数 n が 4〜5 での相関係数はあまり当てにならない.多少大きな相関係数が得られても,実は相関がないという可能性が相当ある.

❷ サンプル数 n を 10 くらいまで増やすとき,信頼区間幅は急激に狭くなっている.それから先はしだいに狭くなる度合いは小さくなっていく.

> ☛ サンプルを増やすとき,10 個程度まではサンプル増による信頼区間縮小の効果は大きい.多少の計測コスト増でも増やすことを考えるべきである.

❸ 相関係数の高い（±0.9 程度）ところでは，10 個程度サンプルがあれば信頼区間は十分狭く，母相関 ρ においても高い相関が期待できるが，0 に近い低相関においてはまだばらつきが大きく，サンプル数増加による信頼区間減少の効果がみえる．

☛ サンプル数は多いほど信頼区間は狭くできるが，相関が低いところほど確信度を上げるには多くのサンプルが必要．大まかな目安であるが，$r = \pm 0.9$ で 10 点，$r = \pm 0.7$ 程度で 15〜20 点，$r = \pm 0.4$ で 30 点程度，$r = 0$ に近い値であれば 40〜50 点のサンプルは欲しいところ．データが規則的に並んでいる（高相関）ほど，少ないサンプルで済む．

できるだけサンプル数 n は多ければよいのですが，実験や計測のコストを考えるとむやみに増やすわけにはいかない，というのが普通のケースでしょうから，この信頼区間幅の減少の程度を目安にサンプル数の最適化を図るというやり方は有効だと思います．母相関 $\rho = 0$，すなわち X と Y に相関がないことを証明しようとするとかなり大量のサンプルが要るということは頭に置いておいてもよいでしょう．

4・7　信頼区間評価の際の留意点

　以上のように，サンプル相関係数 r から元の相関係数 ρ（母相関係数）がどの範囲にあるかの評価を行うことは重要ですし，また相関係数の評価の際にはかなり多くのサンプルが必要であるということもご理解いただけたことと思います．

　ただし，この方法は §4・4 に述べたように相関係数を求めているデータのばらつきが 2 次元正規分布に従っている場合にのみ有効な方法でした．したがって図 4・20（a）のようにもとの分布が異質なものが混じり合っている 2 山であったり，あるいは（b）のように大きく正規分布からかけ離れた分布である場合には適用できません．このような "正規分布でない" 可能性の組合わせは無数にありますので一般的な取り扱いは難しく，できるだけ信頼区間の評価が可能な 2 次元正規分布に分布形状を近づけるのが唯一の対処方法といってもよいでしょう．2 山の分布であれば山をわけている要因を見つけ出して二つの組に分け，それぞれの組が 2 次元正規分布になっていることを確認して信頼区間を求めます．正規分布からかけ離れた分布形状であれば，X と Y にそれぞれロジット変換や対数変換など適当な変数変換をかけてできるだけ正規分布に近づけます．

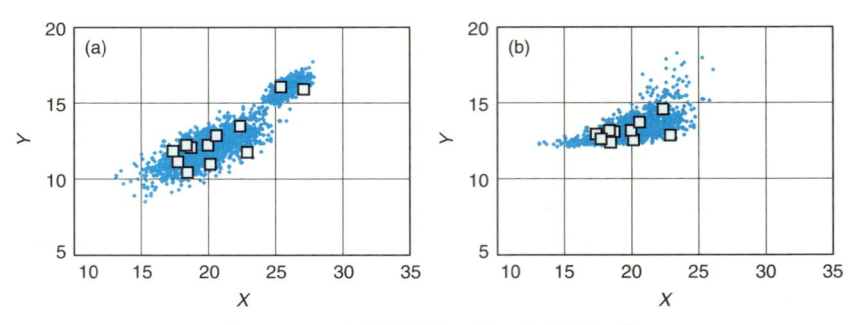

図 4・20　2次元正規分布でない分布形状の例

このように X と Y が正規分布に従っているかどうかの前提評価を，4個や5個といった少ないサンプル個数で行うことはほぼ不可能ですから，4～5個で計算したサンプル相関係数 r が意味のあるものであるか（適切な母相関係数 ρ の推定が可能か）といわれるとこの点からみてもはなはだ疑問です．やはりある程度のサンプルを集めて，X と Y とがきちんと正規分布状にばらついているのかを確認したのち相関係数 r を計算，さらに§4・5で説明した方法で母相関係数 ρ の推定を行うという手順を取る必要があるといえましょう．

X と Y が正規分布に従っているかどうかの評価は第1章でご紹介したヒストグラムや正規確率プロットで行います．

相関係数を求める際によく遭遇し一番困るのは図4・21のような形状の分布です．実験などである特定の条件を集中的に狙ったり，あるいはプラントの操業条件

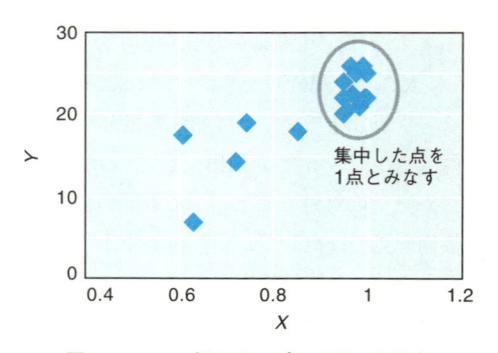

図 4・21　20個のサンプルの偏った分布

4・7 信頼区間評価の際の留意点

などのように，ある決まった条件に固定して大量生産を行っている，といったケースではほとんどこのように1点にデータが集中しあとはまばらにしか存在しない分布形状になります．

このような分布形状は当然 X も Y も正規分布にはならないでしょうから相関係数計算をあきらめるというのも一つの手ですが，集中して存在しているところを同一の1点とみなして考える，というのも一つのやり方です．図4・21では20点のサンプルがありますが，集中している部分を1点とみなして6点の散布と考えます．

サンプル数が大幅に減ってしまうというデメリットはありますが，作為が入って集中しているところは1点で代表させ，それ以外の要因の影響を受けて意図せずばらついている部分とバランスを取るというのは適切な考え方であると思います．結果として得られた X と Y の散布状態が2次元正規分布になっていれば，今まで述べてきた相関係数の信頼区間の評価が可能となるのです．

また注意しなくてはならないのは，相関関係は決して因果関係，つまり片方が他方の原因になっているとは限らないということです．たとえば製品が着色している問題で，製品の着色量（吸光度 Y で計測）が高いときに同時に反応器中のある微量成分 X の濃度が高く，両者は相関が高かったとします．ところが真の原因は原料中の不純物成分 Z の増加で，これが製品の着色をひき起こしていると同時に反応の副生物 X の増加を引き起こしていたというような状況です．この関係を図で描くと図4・22のようになりますが，似たような事例は他にも多数あるのではないでしょうか．

このとき，いくら相関が高いからといって，反応不純物 X の削減対策（反応条件変更や精製による分離）を図っても，元を絶っていませんから製品着色の問題は

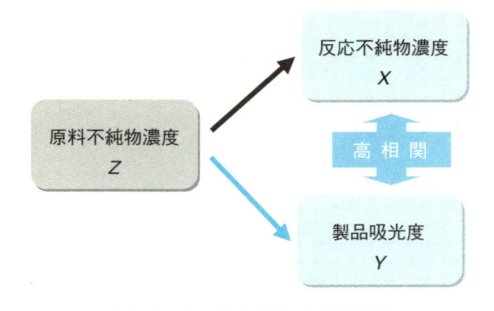

図4・22 製品着色の因果関係

解決しないかもしれません．このあたりの誤解もよくあって無益な改善努力をしていることも多いので注意が必要です．この問題に取り組むには因果関係の確認，すなわち原因と思われる条件を意図的に動かして，その操作が結果に効くかどうかのチェックが必要です．この問題の取り扱いには次章で議論する回帰分析が役に立ちます．

　この章で述べたような相関分析では，操作条件 X 側も正規分布状にばらついていなければ正しい評価ができませんが，それはこのような人為的な操作の加わる因果関係の確認ではまずあり得ません．

　相関分析が使えて役に立つ状況というのは，ですから"何かが起きている"ときの結果どうしの比較，たとえば2種類の計測方法の比較であるとか（代替計測方式の評価），あるいは"自明でない"製品の特性値間の関係やプラントの計測値間の関係を見つけ出すことで，その背後に隠れたメカニズムを考える手掛かりとするといったことだと思います．

5

因果関係をとらえる：
回帰分析と最小二乗法

> ある条件を連続的に動かしたときに，その応答が現実にあるかどうかの評価をするのが回帰分析です．動かした条件以外にも結果に影響する要因はたくさんあるので，結果は正規分布状にばらつく誤差をもつことが多いですから，通常は最小二乗法を使ってデータを当てはめ，実際に効果があるかどうかの定量的な評価を行います．したがって当てはめの誤差が実際に正規分布になっていないときは最小二乗法の当てはめ自体に問題があり，正しい効果の評価ができていない可能性があることに注意が必要です．また当てはめ性能の評価尺度である決定係数についてもそれがどのような意味があり，どういう評価をすればよいのかについても議論してみましょう．

5・1 条件変更の効果をみる

第3章でみたように，製品の仕様や工場の操業条件の変更時，変更の効果が本当にあったのかどうかを評価するためには，変更前後の効果の差がばらつきに比べて十分に大きいことの確認が必要でした．その際，ばらつきを評価するためには同じ条件下での繰返しが必要で，しかもばらつきに比べて小さな差を評価する際にはかなりの繰返し数が必要であることも論じました．

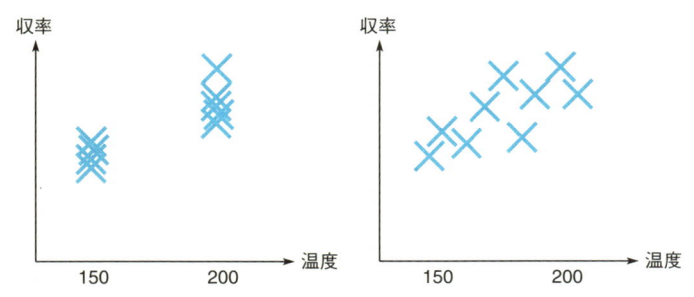

図 5・1 収率に対する温度の影響をみるために，2条件で繰返し実験(左)，たくさんの条件で実験(右)して傾向をみる

5. 因果関係をとらえる：回帰分析と最小二乗法

しかし，たとえばプラントの温度の設定を上げるとか材料の配合の割合を変えるといった場合には連続的に条件を変えることができるので，何も変更前後の2条件に限ってテストする必要はなく，実際実験をその2条件以外に，間の何条件かでテストをすることで同じ条件での繰返しを減らすことができます（図5・1）．そしてそこからより多くの知見を得ることができるというのが，これから紹介する"回帰分析"の考え方です．

このように条件を連続的に変えて応答をみることは日常的に行われていると思います．ただいくつか大切なことに十分注意が払われていないために十分有効に活用しきれていない点もありますので，そんなポイントにここでは迫ってみましょう．

条件 X を変えたときの応答 Y は，もし他の条件からの影響が全くなかったとすると X だけによって決まりますので，ある関数関係 $Y = f(X)$ に従って動くと考えてよいでしょう．また，もし大きく条件 X を動かしていない場合にはこの関数関係は近似的に直線になることが期待できます．

$$Y = f(X) \fallingdotseq f'(X_0) \cdot (X - X_0) + f(X_0)$$

$X = X_0$ の周囲でテイラー展開して直線近似．X_0 としては通常データ X の存在している重心点を取る（図5・2）

なぜ直線で近似するのかといえば，私たちは通常この関数関係 $Y = f(X)$ を正確に知っていることは少ないので，のちほど示しますような規則性を評価するのに一番取り扱いが簡単な形として直線を取り上げるのです．もしこの関数関係があらかじめ予想できているのであれば，その形を積極的に使うべきでしょう．こ

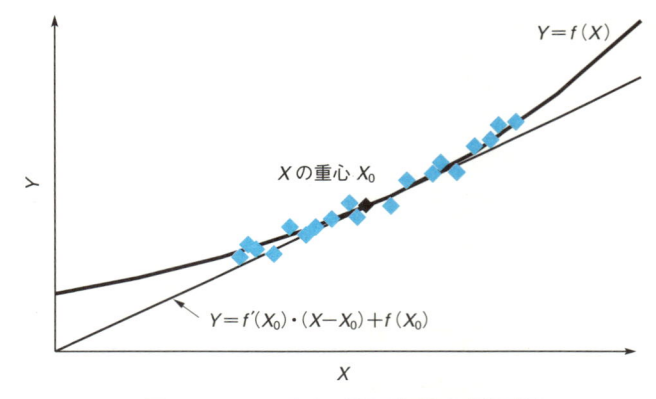

図 5・2 $Y = f(X)$ に従うデータの直線近似

5・1 条件変更の効果をみる

れは§5・6で議論します．

　もちろん条件変更による効果以外にも予期せぬばらつきの効果がありますから実際のデータではきれいに $Y=f(X)$ の関係にデータが乗ることはまれで，図5・2のように通常実験結果のデータはばらつきます．これらばらつきのYへの影響も現実には複雑なメカニズムを取りますが，近似的には $Y=f(X)$ の効果に足し合わさって効いていると考えても多くの場合はよいでしょう．したがって，今回取り扱う式の形はつぎのようになります．

$$Y = f(X) + \varepsilon \fallingdotseq \alpha X + \beta + \varepsilon$$

　　　　ε：ばらつきの影響　　α：直線近似の傾き（$f'(X)$）
　　　　β：直線近似の切片（$f(X_0) - f'(X_0) \cdot X_0$）

このばらつきの影響εについては，通常無数の原因がはたらいていることから正規分布状にばらついているとみなし，またその正規分布状のばらつきの平均値は0であろうと考えます（もし0でなければβの値を調節することで0にすることができますから，そういう規則的な部分はすべて$\alpha X + \beta$の方に任せるのです）．

　このようにして得られた近似の直線式を使って，条件Xを動かしたときに結果Yは影響を受けるかどうかを評価することになります．たとえば図5・3に示したように，さまざまなばらつき状態のもとで直線近似をしてみると，条件Xの変更による応答αXの大きさと，それ以外のばらつきεによる影響との大きさのどちらが強いかによってXとYとの関係はさまざまな様相を示します．

　図の左端のようにばらつきεの影響が小さく，データがかなり規則的に並んでいると直感的にも条件Xを変更した効果はありそうだと感じられますし，逆に右端

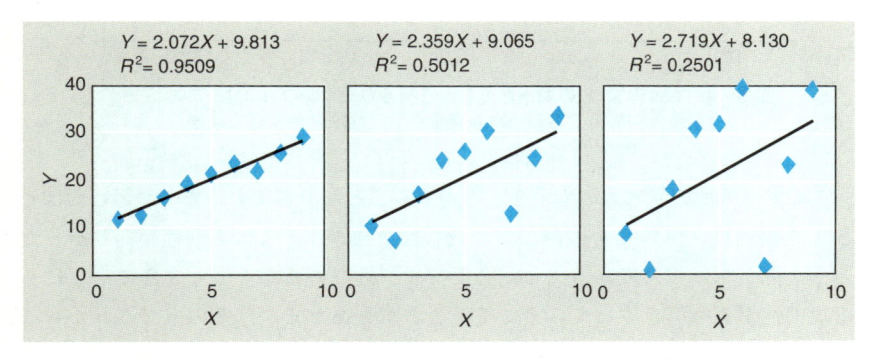

図5・3　さまざまなばらつきのもとでの $X \to Y$ の応答と近似式 $Y = \alpha X + \beta$
（図中のR^2については§5・3で議論）

のようにばらけていると，たとえ右上がりの傾向がみえているにしても効果は疑わしく思えます．これは第4章で議論した相関関係と同じように，私たちがみているのは有限個のサンプルなので，実際はその背後にある無数のXとYを想定する必要があるのですが，その際に全く無関係なXとYから図5・3の左端のような規則的に並んだ点が偶然に得られることがきわめてまれであること，逆に右端のように規則性のないばらつきが強いときには，たとえ数個のデータが右上がりや右下がりの傾向を示していたとしても，データを増やしていけばその傾向は簡単に消えてしまうであろうことを私たちは知っているからです．

図5・4ではそういった極端な状況を表してみました．左側の図のようにYがXとは無関係に振れているにもかかわらず，ここから得られた5個のサンプルがあたかも規則性があるかのように並ぶこと，あるいは右側のようにかなりはっきりとした規則性があるところからたまたま不規則に並んだサンプルが得られること，いずれもあり得ないわけではありませんが，その可能性はきわめて低いであろうということはどなたも実感されることではないでしょうか．

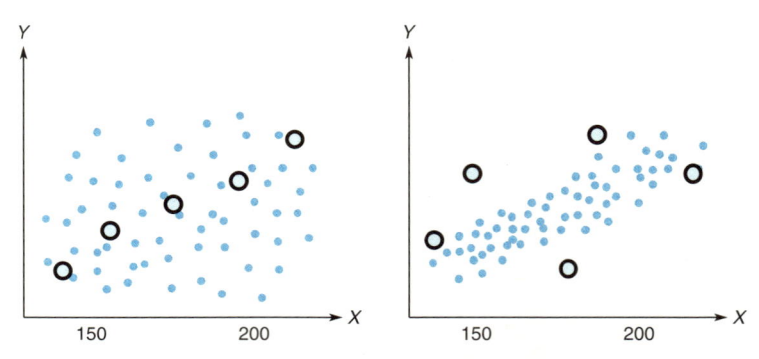

図5・4　もとのX-Yの関係とそこから得られたサンプル(○)（この5個が偶然個のばらつきの中から得られる可能性はきわめて低い）

ここでも人間の直感力の素晴らしさをみることができます．まず原因とおぼしきXを横軸に，応答Yを縦軸にして散布図を描き，そこに規則性がありそうかどうかをまずにらんでみることが必要です．近似の直線を引くことでそこにある規則性がより引き立ってみえてくることすらあります．その上でこれからご紹介する回帰分析の手法によって，Xがどの程度Yに効いているかを評価するのです．

5・2 回帰分析の考え方

　回帰分析では，効果とばらつきの評価を"データがどれくらい規則的に並んでいるか？"で評価します．隣り合う点との相互関係から規則性を見つけ出し，その規則にのらないものをばらつきの影響とみなすことでばらつきと期待効果を分離するので，同じ条件での繰返しをせずに済ませることができるのです．

　では，その規則性をどうやって見つけ出すか？　ですが，§5・1でみたように，結果 Y が操作条件 X を動かしたことによって動く直線的効果 $\alpha X + \beta$ と，それ以外のばらつきによって Y が乱される効果 ε が足し合わさって現れているとして

$$Y = \alpha X + \beta + \varepsilon$$

という式を考えます．直線効果の傾き α や切片 β がどのような値であるかは得られた実験データから求める（推定する）しかありませんので，図5・5のようにばらつき誤差の2乗の和が最小となるように直線を当てはめ，傾き α と切片 β の推定値を得ることとします．これが有名な最小二乗法の考え方です．

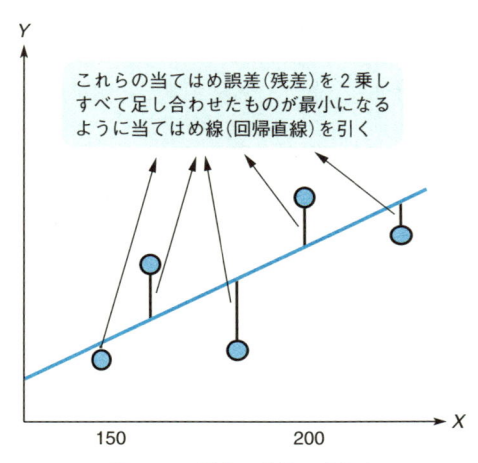

図 5・5　最小二乗法の考え方

　Excel や Lotus などの表計算ソフトでは"近似曲線の当てはめ"として，簡単にこの当てはめ線を描くことができますが，あまりその意味を深く考えずにこの最小二乗法を機械的に用いることで判断を誤る危険性があることにはもっと注意を払う必要があります．

そこでまず最小二乗法による回帰式の当てはめについてもう少し詳細にみてみることにします.

最小二乗法の計算式はつぎのように定義されています.

$$\sum_i \varepsilon_i^2 = \sum_i (Y_i - \alpha X_i - \beta)^2 \to \min$$

ここで ε_i は各データ Y_i と当てはめ値 $\alpha X_i + \beta$ の差ですから当てはめ誤差です. もし, この ε が正規分布状にばらついているのであれば, 各実験点での当てはめ誤差の2乗の和を最も小さくなるように傾き α と切片 β を決めてやると, それが手持ちのデータにおいては最もよい α と β の推定値になるのです.

この式を満足する α と β はそれぞれつぎのように求まります(計算過程は省略).

$$\alpha = \frac{\frac{1}{n}\sum_i Y_i X_i - \overline{Y}\overline{X}}{\frac{1}{n}\sum_i X_i^2 - \overline{X}^2} = \frac{\sum_i (X_i - \overline{X})(Y_i - \overline{Y})}{\sum_i (X_i - \overline{X})^2}$$

$$\beta = \frac{-\frac{1}{n}\overline{X}\sum_i Y_i X_i + \frac{1}{n}\overline{Y}\sum_i X_i^2}{\frac{1}{n}\sum_i X_i^2 - \overline{X}^2}$$

ここで, $\overline{X}$ と $\overline{Y}$ は n 個のデータ $X_1, X_2, \cdots, X_n$ と $Y_1, Y_2, \cdots, Y_n$ それぞれの平均値です. これだけみると計算結果は非常に複雑にみえますが, 実はこの式で X が $\overline{X}$ のときは

$$\alpha \overline{X} + \beta = \overline{Y}$$

となっていることが計算するとわかります. このことは最小二乗法で求めた回帰直線が, データの重心 $(\overline{X}, \overline{Y})$ を必ず通るということを示しているので, この式はもう少しシンプルに表すことができて,

$$Y = \alpha(X - \overline{X}) + \beta'$$
$$\beta' = \overline{Y}$$

です. また傾き α に関しては, 第4章で計算したサンプル相関係数 r を用いて変形すると

$$\alpha = \frac{\frac{1}{n}\sum_i Y_i X_i - \overline{Y}\overline{X}}{\frac{1}{n}\sum_i X_i^2 - \overline{X}^2} = \frac{\sum_i (X_i - \overline{X})(Y_i - \overline{Y})}{\sum_i (X_i - \overline{X})^2}$$

$$= \frac{\sum_i (X_i - \overline{X})(Y_i - \overline{Y})}{\sqrt{\sum_i (X_i - \overline{X})^2} \cdot \sqrt{\sum_i (Y_i - \overline{Y})^2}} \cdot \frac{\sqrt{\sum_i (Y_i - \overline{Y})^2}}{\sqrt{\sum_i (X_i - \overline{X})^2}} = r \cdot \frac{s_Y}{s_X}$$

つまりXとYのサンプル相関係数rを，Yのサンプル標準偏差s_YとXのサンプル標準偏差s_Xの比倍したものがαになっています．この式から近似直線式（回帰式）の傾きαは，Xのばらつきに比べてYのばらつきが大きいほど（s_Y/s_Xが大，これはXのYに対する感度に当たります），またXとYの相関係数rが大きいほど（XとYとが直線的にきれいに並んでいるほど）大きな値を取るということがわかります．

5・3 当てはめの性能の評価：決定係数 R^2

図5・3でみたように，XとY間の関係の規則性と不規則性はさまざまな様相を取ります．データがどの程度規則的に直線式に当てはまり，またどの程度が当てはまらずにばらついているのかの定量的尺度をつくることによって，この当てはまりの良さを評価することを考えてみます．

そこでまずYのばらつきの大きさをつぎのように表します．$Y_1, Y_2, \cdots, Y_n$のサンプル平均値$\overline{Y}$に対して各データ$Y_1, Y_2, \cdots, Y_n$の偏差の2乗の総和を取るのです．

$$S_Y = \sum_i (Y_i - \overline{Y})^2$$

また，傾きαが求まったときの$\alpha X + \beta$，つまりデータにおいて規則的（直線的）に並んでいると考えられる部分のばらつきをつぎのように考えます．

$$S_\alpha = \sum_i (\alpha X_i + \beta - \overline{Y})^2 = \sum_i (\alpha X_i + \beta - \alpha \overline{X} - \beta)^2$$

$$= \alpha^2 \sum_i (X_i - \overline{X})^2 = r^2 \frac{s_Y^2}{s_X^2} \sum_i (X_i - \overline{X})^2 = r^2 \cdot \sum_i (Y_i - \overline{Y})^2$$

それぞれ何をみているのかを図5・6に示します．

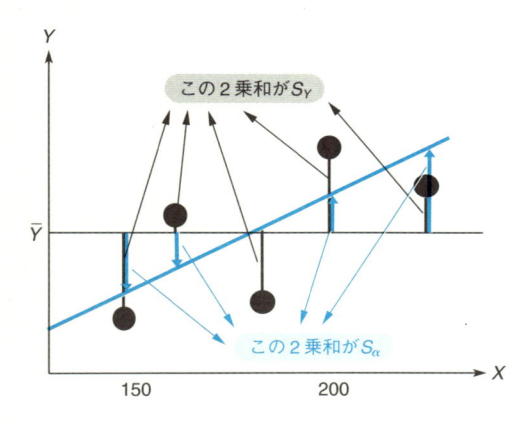

図5・6 Yの平均値を基準としたYのばらつきS_Yと当てはめ値のばらつきS_α

さらに当てはめ誤差に関しても，S_ε を最小二乗法の計算式として定義した $\Sigma \varepsilon_i^2$ であると考えると，最小二乗法で誤差 $S_\varepsilon = \Sigma \varepsilon_i^2$ が最小となるように直線を当てはめたときには，これらの間には

$$S_Y = S_\alpha + S_\varepsilon$$

という関係が存在します．つまり Y の平均値からのばらつきの2乗和の成分は最小二乗法で当てはめを行ったとき，規則的な成分 S_α と不規則なノイズ成分 S_ε にきれいに分解できるということがいえるのです．

この性質を利用して，回帰分析の直線式の当てはまりの良さを評価するつぎのような尺度を設けることができます．

$$R^2 = \frac{S_\alpha}{S_Y} = \frac{[\text{回帰式により説明される }Y\text{のばらつき}]^2\ (2\text{乗和})}{[\text{平均値を中心とした }Y\text{のばらつき}]^2\ (2\text{乗和})}$$

これは決定係数とよばれ，回帰式の当てはめ具合の良さを定量的に評価できる指標になっています．つまり，Y の変動の大きさのうちのどの程度の割合が選んだ X によって説明できているか？　をこの値によってみるのです．

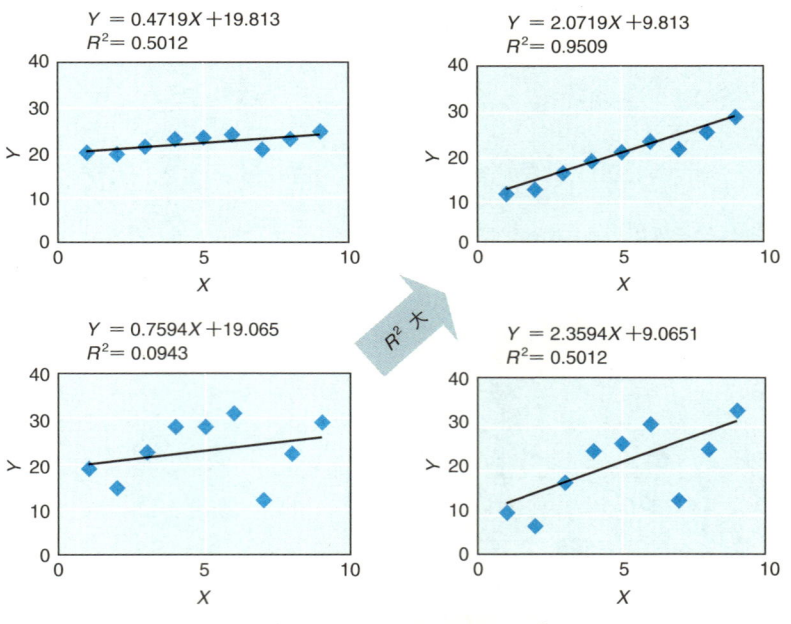

図 5・7 データの散布状態と決定係数 R^2 との関係

5・3 当てはめの性能の評価：決定係数 R^2

$R^2 = 0.9$ であれば Y の変動の 90 % が選んだ X によって説明できているので，かなり期待のもてる効果だとわかりますし，逆に $R^2 = 0.2$ であれば選んだ X によって説明できる Y の変動はわずか 20 % ですからあまり効果は期待できない（この X 以外による Y へのばらつきの効果が 80 % を占める）ということがわかります．

Excel などの表計算ソフトでは，"近似曲線の当てはめ"として，グラフを描いたときにこの最小 2 乗の当てはめ式を表示してくれますが，同時にオプションとして "R-2 値を表示する"という機能がありますので使われた方も多いことでしょう．

データが完全に式の上に乗っていていれば当てはめ誤差 S_ε は 0 ですから R^2 値は 1 に，逆に式の傾き α がゼロで（つまり X を動かしても Y は影響を受けないので S_α が 0 です），Y の変動 S_Y がすべて当てはめ誤差になるときは R^2 値は 0 になります．式によく当てはまって誤差が小さいほど R^2 値が 1 に近づくのは当然ですが，当てはめ誤差が同程度でも [Y のばらつき]^2 の総和 S_Y，すなわち分母が大きい時も R^2 値が 1 に近づくことも注目すべきでしょう．これは X の変化に対する Y の応答の変化が大きいとき，すなわち X の Y に対する感度が高いときにそうなります．こうして見ると R^2 値というのは効果の大きさとばらつきの大きさの総合判定の指標であるともいえます．図 5・7 にこの関係を示します．

また，$S_\alpha = \sum(\alpha X_i + \beta - \overline{Y})^2 = r^2 \cdot \sum(Y_i - \overline{Y})^2 = r^2 \cdot S_Y$ ですから

$$R^2 = \frac{S_\alpha}{S_Y} = \frac{r^2 \cdot S_Y}{S_Y} = r^2$$

となり，この決定係数 R^2 は，このデータの X と Y から計算したサンプル相関係数 r を 2 乗した値であることもわかります．

このように決定係数 R^2 は，当てはめに用いたデータの $X \cdot Y$ 間の相関係数としての側面と，Y の変動のうちのどれほどが回帰式 $Y = \alpha X + \beta$ で説明できているかの評価式の側面があり，得られた回帰式の信頼性を評価する有用な指標として使うことができるのです．ただ，第 4 章でみたように，相関係数 r は X と Y がともに正規分布状にばらついていないとうまく取り扱えないのに対し，回帰式では，操作変数 X は人為的に好きな値を取ることができますから決定係数 R^2 と相関係数 r とは厳密には全く違ったものを見ているともいえます．実際 §5・6 でみるように決定係数は非線形関数の当てはめにおいても計算できますが，このときの相関係数 r は（計算はできますが）無意味です．

5・4 決定係数の信頼性

決定係数は回帰式の当てはまりの良さを評価するための有効な指標であることはおわかりいただけたと思いますが，たとえ R^2 値が1に近かったとしても，わずか3～4個のサンプルから得られた結果であれば，第4章でみた相関解析のようにたまたまデータがきれいに並んで高い R^2 になっている可能性も決して小さくはありません．つまり X を動かしても Y には実際には効果がないにもかかわらず，Y を動かす他のばらつき要因のために，Y があたかも X につれて動くかのように少ないサンプルではみえてしまう可能性が高いので，安易に効果があると判断しては危険なのです．

逆にたくさんのサンプルで回帰式の当てはめをしたときに R^2 値が大きければ信頼してもよいであろうというのも当然いえるでしょう．そこで実験で使ったサンプル数と求まった R^2 値から図5・8のような関係を求めてみます（この計算式については章末のコラムで紹介します）．

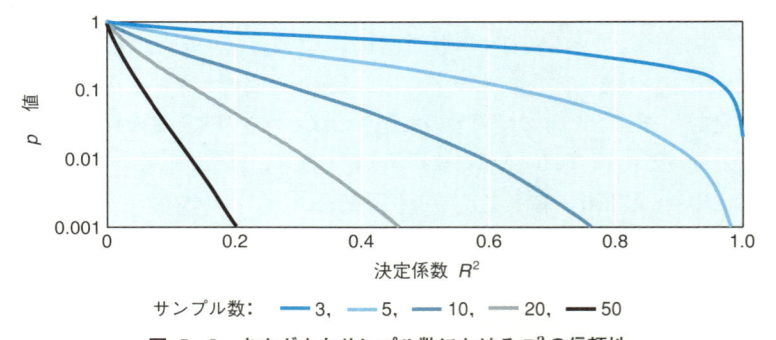

図 5・8 さまざまなサンプル数における R^2 の信頼性

サンプル数： 3, 5, 10, 20, 50

この図でも第3章で議論した"本当は X が Y には影響しないにもかかわらず，たまたまそういう関係が得られてしまう確率"である p 値が現れ縦軸にきています．回帰式のケースでは，図5・9で示したように，仮に無限個のデータでは当てはめ線の傾き α は0になり X は Y に影響しないことがわかる場合でも，有限個のサンプルの当てはめではノイズの存在のために傾きがたまたま0にならないことがあります．その場合には回帰式で Y の変動がある程度説明できてしまうので，決定係数 R^2 も0にならないことがあります．実は X は Y に全く影響を及ぼしていないのにそのような決定係数が得られる可能性を，サンプル数とそのとき得られた決定係数から確率 p 値として推定してみようというものです．

5・4 決定係数の信頼性

直線への当てはまりの悪い小さな決定係数においては，かなりたくさんのサンプルで回帰分析をした場合でもp値は0.1を超えて大きいので，XがYに影響を及ぼしていることはあまり当てにならないということがわかります．当てはめ線が多少の傾きを示していたとしても，それはたまたまそのサンプルでそうなっているだけで，実はXはYに影響を与えない可能性が高いということです．

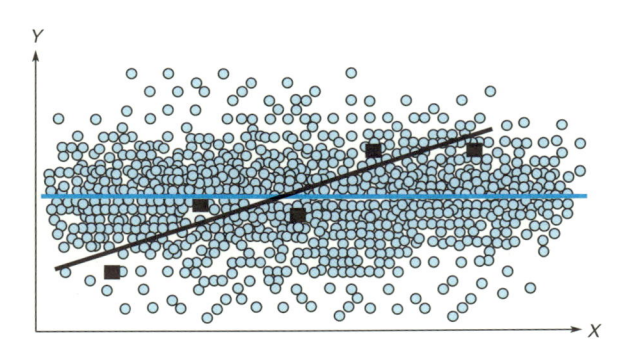

図 5・9 実際にはXに対するYの応答がないのにたまたま得られた5点のサンプルからは応答があるかのように見えるケース

逆にほとんど一直線に並んでいる$R^2 = 1$近くにおいてはp値が急激に小さくなっていますから，少ないサンプルでもXを動かしたときのYに対する効果はあると認めてよい（効果がないのにあると間違う確率pが非常に小さい）ことがわかります．ただそれにも限度があって，仮に3点のサンプルでp値が0.1以下であるためには，R^2は0.97以上でなければならず，よほどきれいな一直線上にこれら3点が並んでいるのでない限り効果は疑わしいと判断されます．つまり3点くらいだとたまたま一直線に近い並び方をしてあたかもXがYに効いているかのように見えるケースがかなりあり得るということで，ここでも極端に少ないサンプルで判断することの危険性が現れてきています．

比較的得られることの多いR^2が0.5〜0.65（相関係数でいうと0.7〜0.8ですので，XとYにはそこそこ関係があると目視でも実感できるような状態です）あたりで実はYに影響しないXを効果ありと間違う確率pを0.01（1％）以下にしようとすれば，大体サンプル数は15個くらいあればよいということもわかります．これは第2章で議論したような2条件だけで比較実験をする場合に必要な繰返し数に対しかなり少なく（単純な比較はできませんけれど），少ない実験数で経済的に評価をしたい人には魅力ではないでしょうか．

もっとも，実験をしてみないと決定係数 R^2 がどうなるかは予想がつきませんから，思いのほか結果が悪くてたとえば 10 点のサンプルで R^2 が 0.2 にしかならなかった，というようなケースがよくあります．この場合は p 値は図 5・8 からおよそ 0.2 ですので，20 %（5 回に 1 回）は X が Y に影響していないものからでもこの結果が得られる可能性がある，ということになってしまいます．こうなった場合には，むしろ X 以外に Y を動かしているもっと強い別の要因があるのではないか？ と考えてその要因を推察し，実験の計画を立て直す方がよいかも知れません．もしその効果の存在の確認にこだわるのであれば実験をもっと増やす必要があります（増やしたとしても効果が存在することを必ず確認できる保証はありませんが，50 サンプルもあれば仮に $R^2 = 0.2$ でも，X はなにがしかの影響がありそうだ，ということはいえます）．

効くと思った要因がこのように実は効かず，全然別の要因が効いていた，というようなことは特に開発段階ではよくあることだと思います．保険をかける意味でも，効く可能性のある複数の要因を実験で確認することもよく行われるかと思います．複数の要因を一度に，効率的に評価する際に役立つ考え方はつぎの第 6 章の重回帰分析のところで紹介します．

いずれにしても，サンプル数と R^2 値から結果の信頼性を定量的に見極められるのですから，決定係数 R^2 値を計算したときは，その係数を何点のサンプルで計算しているのかにも注意を払うことは大変重要です．

5・5 当てはめ誤差の影響

回帰式の当てはめにおいては，まだ注意を払わなければならない重要なポイントがあります．

それは回帰分析 $Y = f(X) + \varepsilon$ において，私たちは当てはめる側の $f(X)$ ばかりについ注意を払いがちですが，実はそれと同じくらい当てはまらなさ加減である誤差（残差）ε の性質をよく吟味することが大切だということです．といいますのは最小二乗当てはめの前提が，誤差 ε は平均値 0 の正規分布に従っているということであり，厳密にはその前提が成り立つもとでのみ当てはめ線は意味があるからです．

図 5・10 に回帰分析の当てはまるデータのばらつき状態を示します．このように X がどのような値であっても，Y は同じばらつき具合で正規分布状（X_i における Y のばらつきの平均値は $f(X_i)$，標準偏差は X_i によらない一定値 σ）に振れてい

5・5 当てはめ誤差の影響

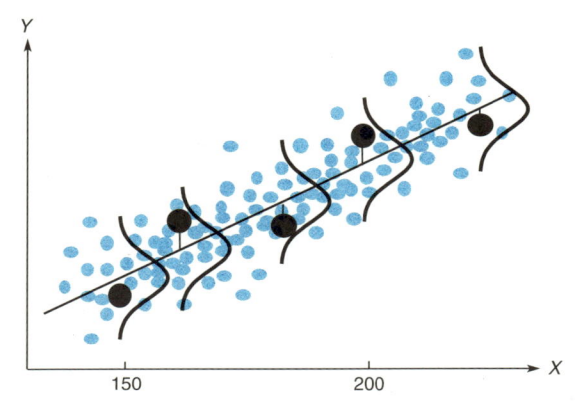

図5・10 回帰分析におけるデータのばらつきの前提

るときに限り，最小二乗法の当てはめ線はデータから求めた $f(X)$ の推定式として意味があるのです．

たとえば計測器の校正線のように，真の値 X，実際の計測値 Y との間の関係 $Y = f(X)$ がランダムな計測ノイズで乱されるようなケースでは，こういった前提はうまく当てはまることが多いので最小二乗法は有効です．しかしこの前提がそもそも成立していないにもかかわらず最小二乗法を当てはめてしまって誤った当てはめ線を引いてしまっていることもまた多く見られるのです．

このようなケースでわかりやすいのはたとえば図5・11のように，1点だけ実験や計測ミスで極端におかしな値が出たときです．この点の誤差は他の点に発生して

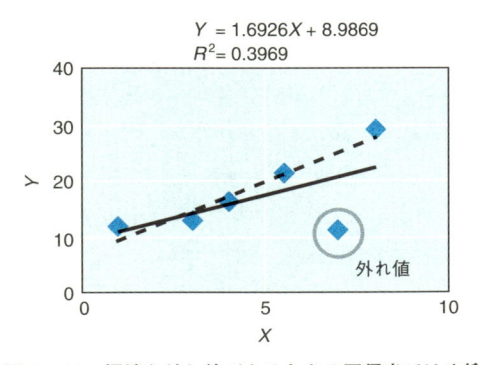

$Y = 1.6926X + 8.9869$
$R^2 = 0.3969$

図5・11 極端な外れ値があるときの回帰当てはめ線

いるものとは性質が違います．したがってこの点の誤差が他の点と同じ正規分布に従うという前提が間違っているにもかかわらずむりやり当てはめているので回帰線はこの点に大きく引きずられて右下の方へずれてしまっています．

あるいは図 5・12 のように応答が明らかに直線ではないにもかかわらず直線式に当てはめても，当てはめの残差は正規分布状にはなりません．ですから当てはめとしてはおかしいことになります．

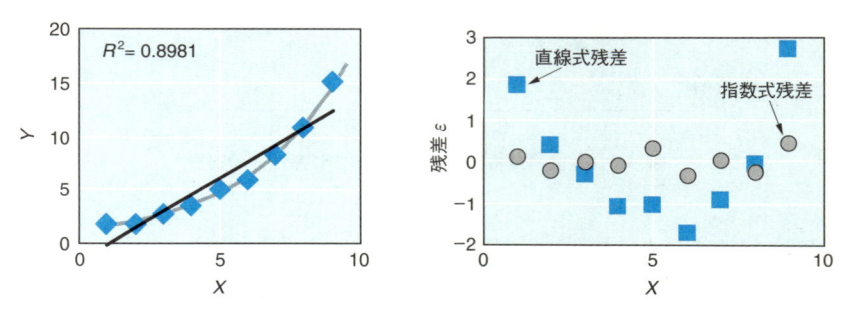

図 5・12　曲線的応答（指数状）に対し直線式を当てはめたケース

このケースでは図 5・12 の右側に示したように直線式で当てはめたときの当てはめ誤差には明らかな規則性（両端に行くほどプラスの大きな残差）が見て取れます．また，この非線形性をうまく拾うために，$Y = f(X) + \varepsilon = A \exp(kX) + \varepsilon$ という指数式を直線式のかわりに用いると（§5・6 で詳しく述べます），図 5・12 右のように当てはめ残差の規則性は消え，正規分布状のばらつきに近づいているように見えます．

Y のばらつきのどれほどが当てはめの直線によって説明されるかの尺度である決定係数は，残差に規則性が残っていても計算できますが，§5・4 で議論したような結果の信頼性の評価は，残差が正規分布という前提が違っていますのでそのまま使うことはできません．ただ大まかな目安としては使用可能で，直線式で当てはめているこの場合は $R^2 = 0.898$，データ数は 9 個ですから図 5・8 をみると p 値は 0.001 よりもはるかに小さくなりますので，多少前提が違っていてもこれだけ規則性があればほぼ確実に X は Y に対して効いていると判断してよいと思います．これはまあ図 5・12 を見れば感覚的にもほぼ明らかなことではあるのですが．

一般的には直線でないものを直線で当てはめていますから，当てはめ誤差が大きくなり，結果的には決定係数は小さめに評価されることになります．

図 5・12 のようにたくさんのデータでグラフを描けば非線形状にならんでいる状態の検知は容易なのですが，図 5・13（左）のようにデータが少ないとき（図 5・12 から 4 点を取り出したものです），あるいは図 5・13（右）のようにノイズが大きいとき（これも図 5・12 のデータに正規分布状のノイズを加えたものです）には必ずしも目でみただけではこれが直線状ではないということは明らかではありません．特に左のようにデータ数が少ないと，大きく外れた点が非線形特性によるものなのか，それとも計測ミスなどによる単なる異常値なのかはデータだけからは全く判別できませんから，よほどデータがきれいに並んでいるか，あるいは背後にあるメカニズムがみえているというのでない限りは，やはり回帰分析にはある程度の点数のデータが必要です（最低でも 5〜6 点は欲しい）．

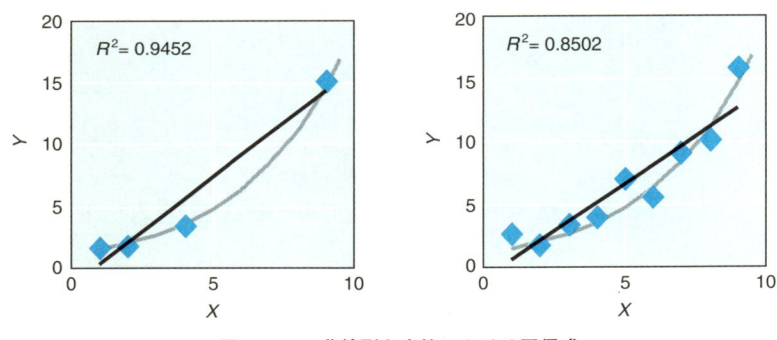

図 5・13　非線形な応答における回帰式

ある程度のデータ数があるときには，当てはめ誤差が正規分布状にばらついているかどうかを第 1 章でご紹介した正規確率プロットで確認することができます．この方法で外れ値などの検知もできるので，回帰式当てはめを行った際には，

❶ X を横軸に，当てはめ誤差（残差）を縦軸にした散布図を描いてばらつき具合に偏りなどがないことを確認する（図 5・12 の右図のようなグラフ）．

❷ 残差を正規確率プロットに当てはめて正規分布状のばらつきかどうかを確かめる．

の 2 段構えで，当てはめ誤差が回帰分析の前提である正規分布状のばらつきをしているかの判定をできるだけ行っておくべきでしょう．図 5・14 では，図 5・13（右）で示した 9 点のデータを直線式に当てはめたときの残差を正規確率プロットに描いたものを示しています．当てはめの残差が正規分布であれば 9 個のデータはほぼ

線上に乗るはずですが，右側の2点のデータはかなり大きめにずれています．これは図5・12では左右両端の直線当てはめではプラス側に大きく外れているデータの残差なのですが，外れ値とみなして取り除くか，もしくは残差が正規分布状にばらついていないと判断して当てはめの式を見直すかのいずれかの対応が必要となります．この場合，多くのデータの中の1, 2点がとび離れているようなときは外れ値として，また分布自体がゆがんでいるとき（正規確率プロットが直線状になっていないときは当てはめ式の見直しをするのが普通です．

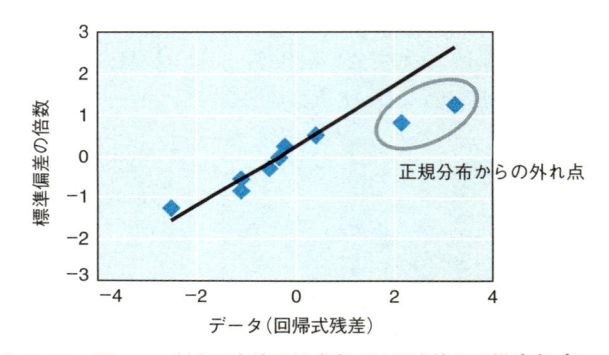

図 5・14 　図5・12(右)の直線回帰式当てはめ残差の正規確率プロット

5・6 　直線式以外での当てはめに関して

XからYへの応答の式$Y = f(X)$の形があらかじめ理論的にわかっているようなケースでは，直線でなくもっと複雑な式$f(X)$でデータを当てはめることも多いと思いますが，その場合も測定値に誤差が含まれている以上は§5・5で述べたことはそのまま当てはまります．理論式に実際のデータを当てはめる際，もしモデル式が現象を的確にとらえられていれば，理想的には当てはめの誤差（残差）は不規則なノイズに，すなわち正規分布に従うばらつきになっているはずですから，§5・1で示したように

$$Y = f(X, \theta) + \varepsilon$$

θ：理論式中の未知パラメーター

ε：ばらつきの影響（平均0の正規分布）

という状況を考え，直線式のときと同様誤差εの2乗の和を最小にするようなθを最小二乗法を使って求め，関数式の当てはめを行うのです．

$$\sum_i \varepsilon_i^2 = \sum_i (Y_i - f(X_i, \theta))^2 \rightarrow \min$$

5・6 直線式以外での当てはめに関して

通常この当てはめは計算機により，非線形関数の最適化手法であるニュートン-ラフソン法などを用いて行われると思いますが，計算機から出てきた答えをうのみにせず，§5・5に示したようにX対当てはめ誤差εの散布図，および正規確率プロットで誤差の正規性の確認を行うとさまざまなことがわかります．

たとえば，X対残差のグラフが図5・15のように規則的な傾向を示しているときには，与えられた関数の形 $Y = f(X, \theta)$ が適切でないか，もしくは当てはめの計算アルゴリズムに問題があって，まだ拾い切れていない規則性が残差の中に残っていることを示唆します．

あるいは，図5・16のように大きく飛び離れた残差が1点か2点存在するような場合，その値に引きずられておかしな当てはめになっている可能性がありますので，その点を取り除いて再度当てはめ直したり，離れた理由を考察して，場合によっては関数式の形を見直したりする必要があります．

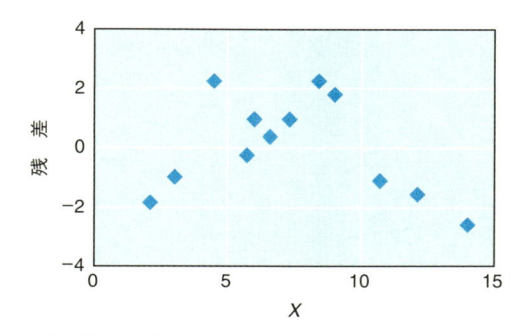

図 5・15　規則的な残差の例　(Xの両端は－，中央で＋になる傾向が顕著)

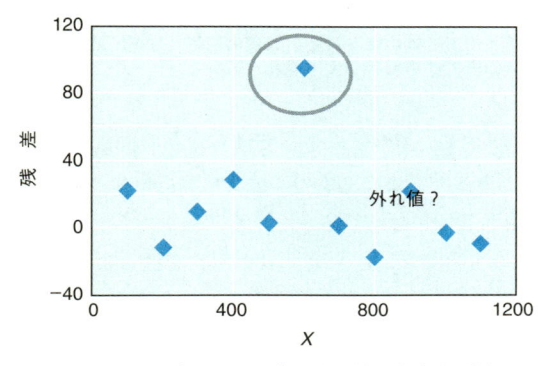

図 5・16　当てはめ残差に外れ値が存在する例

直線式のあてはめの場合と異なり，非線形の関数 $f(X)$ で当てはめているので，実験ミスなどの外れ値の当てはめ結果への影響は複雑です．多くの場合はたくさんある正常データの方に関数式は当てはまって，異常値は大きな当てはめ誤差を生じさせて図 5・16 のように検知できるのですが，中には異常値の方に関数の当てはめが大きく引きずられてしまい，異常でない点の当てはめ誤差の方が大きくなってしまうようなケースがあります．図 5・17 では直線式の当てはめについてそのようなことが起きている例を示します．直線当てはめの場合には，X が大きく離れたところにある異常値でなければ当てはめ線が大きく引きずられることはありませんが（これをテコ効果とよびます），非線形式の当てはめについてはどこの点でそのようなことが起きるかわかりませんので，図 5・16 のように図を描けば一目瞭然というわけにはいかないかも知れません．ただその場合にも図 5・13 のような規則性の残ったばらつきとなることが多いので，"何が悪さをしているのかはわからないけれどどこかおかしい"ということはわかると思います．万能ではありませんが，この問題を避けるための有効な方法に関しては §6・6 で外れ点の影響の発見と補正として紹介します．

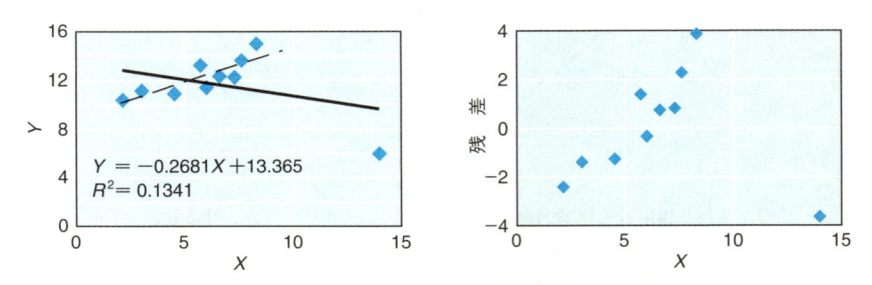

図 5・17 直線式の当てはめにおける外れ値の影響：右端の外れ値に引きずられて他の点の当てはめ誤差も大きくなっている

また，図 5・18 のように X の値によってばらつきの大きさが異なる，といった挙動を示すものもあります．よくあるのは第 2 章でご紹介した対数正規分布になるようなケースで，0 付近ではばらつきが小さく，値が大きくなるにつれてばらつきが大きくなっていくものです．$X = Y = 0$ の原点を通るような関数関係の場合には図 5・19 に示すようなデータの散布状況がよくみられるのではないでしょうか？このようなケースの場合，ばらつきの大きいところの X に当てはめ式が引きずられて，ばらつきの小さい部分の当てはめが悪くなっていることがよくあります（例

5・6 直線式以外での当てはめに関して

を章末のコラム"対数変換下でのデータ当てはめ"に示しています).このように X によって明らかに残差の大きさが異なるような分布が得られたときは,重み付き最小二乗法

$$\sum \varepsilon_i^2 = \sum_i w_i(Y_i - f(X_i, \theta))^2 \rightarrow \min$$

w_i: 残差の大きさに応じて付ける重み.通常小さい残差
のところを大きくするように決める.

を用いて当てはめ式のバランスを取ることが普通です.

また,このような非線形関数 $f(X, \theta)$ による当てはめにおいても,当てはまりの良さの指標である決定係数 R^2 が計算できます.

$$R^2 = \frac{\text{非線形回帰式により説明される } Y \text{のばらつき}}{\text{平均値を中心とした } Y \text{のばらつき}}$$

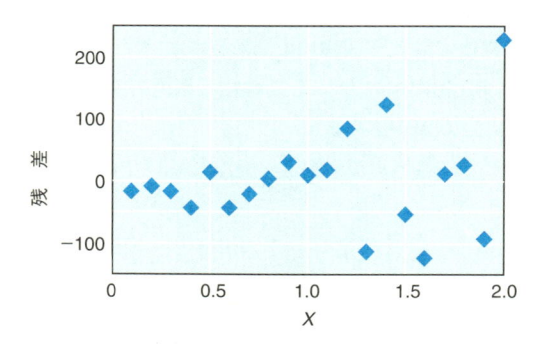

図 5・18 ばらつきが X の大きさによって違うケース

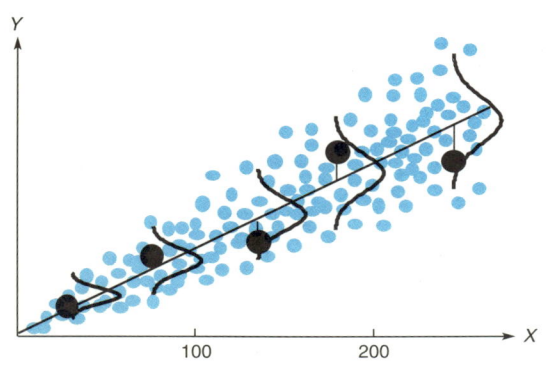

図 5・19 原点を通り,値が大きくなるほどばらつきが拡大する X と Y の関係式

この決定係数 R^2 を用いて，たとえば非線形関数の $f(X,\theta)$ と $g(X,Y)$ のどちらがデータに対して当てはまりがよいか，といった比較ができます．第6章で示すような関数の複雑さに対する注意も必要ですが（当てはめに使う未定パラメーターの数が多いほど必ず決定係数は大きくなるが，それは本質的な関係をとらえていない恐れがある），このような使い方でより適切な関数関係を探してみるのもよいでしょう．

5・7 操作条件 X の誤差の影響について

もう一つ回帰分析で注意しておく必要があるのは，結果を乱す誤差が Y にのみ生じ，操作条件 X は正確に得られていると考えていることです．多くの場合はこれで問題ないのですが，たとえば直接操作していないプロセス状態を測定したものを操作条件 X にもってきたときなどは問題になります．たとえば"製品の着色が問題で，原因も系内のある不純物 Z の濃度であるとほぼわかっていて，問題は不純物の濃度がどの程度で着色が問題になるのかを知りたい"といった問題のとき，Y に当たる着色量（吸光度）の方が X に当たる系内の不純物量よりもはるかに正確に測れたりすることがよくあります．

このときは，X の方に誤差がより大きく発生しているわけですから，X を Y と入れ替えて，

$$X = \alpha Y + \beta + \varepsilon$$

として計算した方がより正確な予測式が得られます．

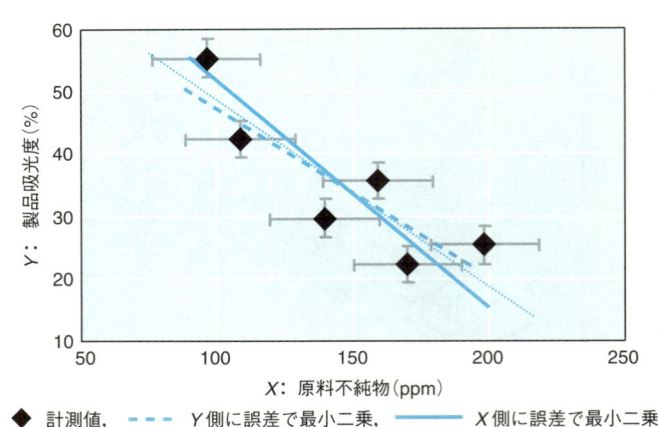

図 5・20 X に誤差があると考えたときの回帰式

ばらつきが大きいときには図 5・20 のようにかなり予測式が違ってきます．心配なときは両方求めて表示させておくとよいでしょう．現実には X にも Y にも誤差があることが普通ですが，この場合にも予測式はこれら X のみに誤差があると考えた場合の線と Y のみに誤差があると考えた場合の線の間に挟まれた部分に存在しますので両方描いておくと対処が容易です．

図ではデータに対して誤差の大きさをエラーバーとして表示させています．このように X の方がばらつきが大きければやはり単純に誤差が Y のみにあるとして当てはめる通常の最小二乗法による当てはめはすべきではありません．

このエラーバーは Excel などの表計算ソフトにも表示させる機能があるかと思いますのでうまく活用する価値はあるでしょう．

● 対数変換下でのデータの当てはめ ●

多くの物理・化学現象，たとえば化学反応などでは，操作条件 X と応答 Y との間に $Y = a \times \exp(kX)$ の指数関数関係が成り立っていることがよくありますので，Y に $\log(Y)$ の変換をかけて，操作条件 X との関係を直線関係に近づけてフィッティングしたり，Excel などの表計算ソフトで指数関数近似をかけたりすることがあるかと思います．あるいは昔ながらの片対数紙，両対数紙にデータをプロットして当てはめ線を引かれる方もおられるでしょうか．

ここではそのように指数関数状に応答しているデータの当てはめに関してみてみることにします．

図 5・21 に，$Y = 1.3 \times \exp(0.35X) + \varepsilon$ の応答を模擬的に発生させたものを，Y 側の対数を取って直線に近づけて最小二乗を当てはめたものを示します．対数変換

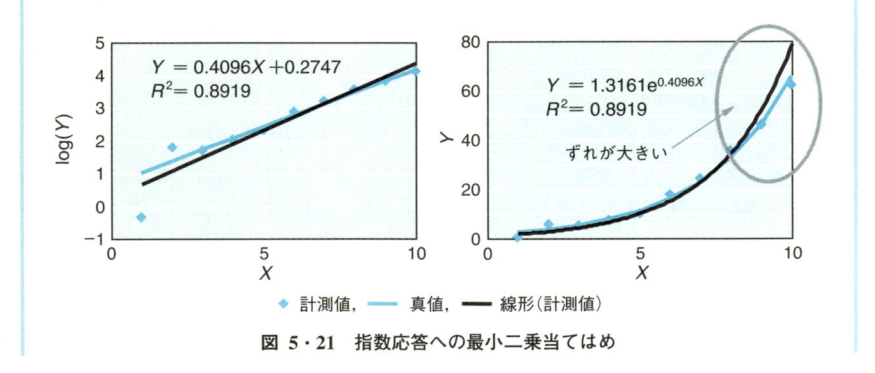

図 5・21 指数応答への最小二乗当てはめ

したままのグラフではそうでもありませんが，右側の Y を元に戻した図では Y が大きいところの当てはまりが非常に悪いように感じられませんでしょうか？

実は log を取った場合 Y が小さい領域で誤差が増幅され，大きい領域では圧縮されますから，単純な最小二乗で当てはめると Y の小さい領域での誤差に引きずられてしまってこのようなことが起こるのです．マウスのクリック一つで描くことができて便利な Excel など表計算での指数近似グラフでも同じ計算法で当てはめをしているので同様の問題が起こり得ます．このケースでの当てはめ誤差の大きさを X に対してみてみましょう（図 5・22）．X が小さいほど残差のばらつきも大きく，一番左端のデータが当てはめ線を大きく引っ張っていることがわかります．

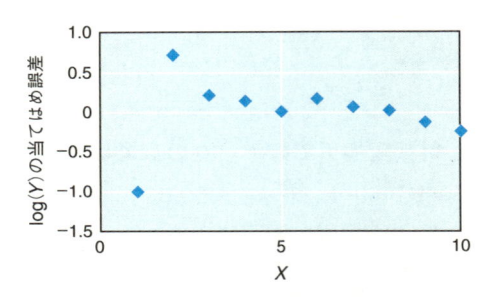

図 5・22 指数応答への最小二乗当てはめの誤差

ただ，皆さんの中でそのような体験をされた方はあまり多くないかも知れません．というのは指数的に変化する現象では多くの場合，Y が大きくなればそれに比例してばらつきが大きくなります．つまりこのような指数状の応答では，誤差 ε は $Y = a \times \exp(kX) + \varepsilon$ のように足し算ではなく，$Y = a \times \exp(kX)(1 + \varepsilon)$ のように掛け算で効いていると考えた方が Y の大きさに比例して大きくなるばらつきをうまく表せて妥当なことが多いのです．このときにはむしろ Y を対数変換することで

$$\log(Y) = kX + \log(a) + \log(1 + \varepsilon)$$

としてばらつきの部分を Y の大きさに依存しない形にくくり出すことができますので，$\log(Y)$ に変換して当てはめた方が適切な当てはめになります．

片対数グラフに点をプロットして直線で当てはめたり，Excel 等で指数関数当てはめをすることもこうしてみると理にかなってはいますが，それはあくまでもばらつきの性質が対数変換することで最小二乗法により適した状態に近づく場合に限定されるのです．ですからばらつきの性質をよく考慮せずにいきなり最小二乗法でデータを当てはめるのは実はたいへん危険なことなのです．

● 決定係数 R^2 と p 値との関係 ●

§5・4で示したように，操作量 X が Y に全く影響しないときにも，有限のデータ数ではたまたま得られたデータの傾きがあるかのように見えてしまい，計算した決定係数 R^2 が0にならないことは非常にありがちです．

ではサンプル数が n 個のとき，実際には X が Y に影響しないにもかかわらず，得られたデータから計算した決定係数が R^2 以上になってしまう確率はどのようになるのでしょうか？

この関係は分散分析の考え方で表すことができて，もし X が Y に全く影響しないときには

$$F 値 = \frac{回帰式で表される変動の大きさ (S_\alpha)}{残差の分散の大きさ}$$

が自由度 $1, n-2$ の F 分布に従うということが理論的にわかっています．ところで，残差の分散の大きさは，p.110 で示した不規則なノイズ成分 S_ε を用いると

$$残差分散の大きさ = \frac{S_\varepsilon}{自由度} = \frac{S_\varepsilon}{n-2} = \frac{S_Y - S_\alpha}{n-2}$$

また決定係数 R^2 の定義は同じく p.110 の式より

$$R^2 = \frac{S_\alpha}{S_Y}$$

ですから，結局 F 分布に従うとされた F 値を決定係数とサンプル数 n で表すと

$$F 値 = \frac{S_\alpha}{\frac{S_Y - S_\alpha}{n-2}} = \frac{R^2}{\frac{1-R^2}{n-2}}$$

このような F 値以上の値が偶然得られる確率は分布がわかっているので求めることができます．この確率が p 値になります．

実際の計算は，Excel であれば関数 FDIST を用いて = FDIST (F 値, 1, $n-2$) とし，LOTUS であれば関数 @FDIST を用います．引数は Excel のときと同じです．

これで求められた値が p 値，すなわち実際は $X \to Y$ の効果がないときに，今回得られた値以上の大きさの決定係数 R^2，または F 値が得られてしまう確率となります．これをサンプル数 n をいろいろ変えて R^2 に対して p 値がどうなるか描いたのが図5・8です．

● 係数の大きさのばらつき ●

§5・4 で議論した決定係数 R^2 が有意（$X \to Y$ の影響の傾きが実は 0 という可能性は低い）ということがわかったとしても，つぎに問題となるのは得られた傾きがどの程度当てにできるかです．通常 $X \to Y$ の効果は有無を確認するだけでなく，X をどれくらい動かしたら Y がどれくらい動くのか？ の見積もりが，たとえば改善効果の予測や評価といったときには重要だからです．

有限のデータからの当てはめですから同じ条件でも，データを取り直せば計算された傾きは違ってくるはずですから，偶然今回得られただけの係数が実はどの程度違っている可能性があるのか？ を評価しておくことは，X を動かすときの Y への効果を過大や過小に評価しないためには必須ともいえるのです．

実は，$Y = \alpha X + \beta + \varepsilon$ の形の当てはめにおいて，誤差 ε が平均 0，標準偏差 σ の正規分布状にばらついているときには，そこから取り出した n 個のデータの組を使って計算した傾き α もまた正規分布状にばらつきます．この分布の平均値はデータを無数に取って計算したときに得られる傾きの係数 α_0（真の傾きと見なしてもよい），そして標準偏差の大きさはつぎの式のようになっています．

$$傾きの標準偏差 = \frac{\sigma}{\sqrt{(X の偏差)^2 の総和}} = \frac{\sigma}{\sqrt{サンプル数 - 2} \times X の標準偏差}$$

$$(X の偏差)^2 の総和 = (X_1 - \overline{X})^2 + (X_2 - \overline{X})^2 + \cdots + (X_m - \overline{X})^2$$

得られた傾きの信頼性を高めるには，この標準偏差を小さくすることが必要です．それには

❶ 当てはまりを上げる
　これは操作としては不可能であるが，当てはまりが高い（σ が小さい）ほど傾きのばらつきは小さくなる
❷ サンプル数は多いほど傾きのばらつきは小さくなる（$1/\sqrt{(n-2)}$ の効果）
❸ 直線性が保証される範囲では，X をできるだけ大きく振ることで X の標準偏差が大きくなり，傾きのばらつき（揺らぎ）は小さくできる

❷ と ❸ については直感的にも妥当な操作であり，実際の検討でもよく使われる考え方ではないかと思います．ただサンプル数を増やすことについては，相関係数のとき同様サンプル数の平方根で効きますので，あまりたくさん増やしてもばらつきを小さくする効果は効きにくくなってコストパフォーマンスが悪化する，ということはいえると思います．

また，この傾きの標準偏差を，決定係数 R^2 を使って表すとつぎのようになります．

$$\sigma = \sqrt{残差分散} = \sqrt{\frac{S_\varepsilon}{n-2}} = \sqrt{\frac{S_Y - S_\alpha}{n-2}} = \sqrt{\frac{S_\alpha\left(\frac{S_Y}{S_\alpha} - 1\right)}{n-2}} = \sqrt{\frac{S_\alpha\left(\frac{1}{R^2} - 1\right)}{n-2}}$$

$$= \sqrt{\frac{\alpha^2 \cdot (X の偏差)^2 の総和 \times \left(\frac{1}{R^2} - 1\right)}{n-2}} = \alpha\sqrt{\frac{(X の偏差)^2 の総和 \times \left(\frac{1}{R^2} - 1\right)}{n-2}}$$

より，傾きの標準偏差では $(X の偏差)^2$ の項がキャンセルされて，

$$傾きの標準偏差 = \alpha \cdot \sqrt{\frac{\left(\frac{1}{R^2} - 1\right)}{n-2}}$$

というシンプルな関係となります．

これで表すと得られた傾き α に比例した標準偏差の値になっています．そこで傾き α でこの標準偏差を割ることで，得られた傾き α の何%が±1 σ（全データの67%）に収まっているかの評価ができます．それを図5・23に示します．

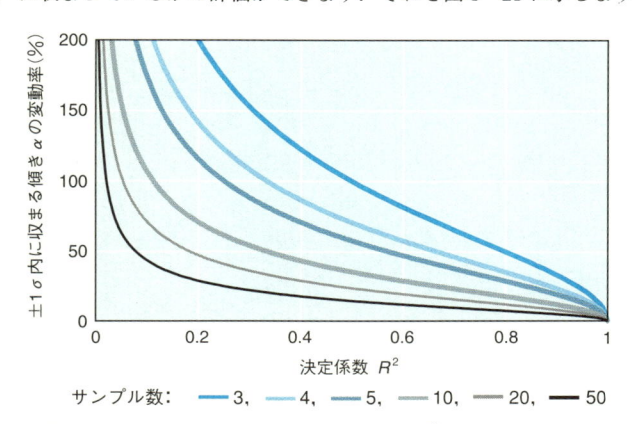

図 5・23 さまざまなサンプル数における決定係数 R^2 と傾き α の変動率の関係

大まかな目安ですが，サンプル数が4～5点で当てはめたときは，得られた傾きのおよそ40～50%は違っている可能性があること，また20～30点サンプルがあると，傾きの変動は20%程度に抑えることができる，といったことがこの図より見て取れます．

6

たくさんの要因を一度に評価する：重回帰分析

複数の要因による効果を一度に評価する方法として重回帰分析という方法があります．上手に活用すると非常に研究開発や問題解決の効率化に有効なのですが，たくさんの変数を一度に扱うが故の落とし穴もあります．
❶ 変数を使い過ぎると関係ない変数も効果があるように見えてしまう．
❷ 大きく外れた点に引きずられる．
❸ 因果関係の連鎖がうまく表現できない．
こういった問題を回避するには，データそのものを重回帰分析が適切に使えるようにそろえることも有効です．その効果的な手法が実験計画法です．

6・1 単回帰分析の限界

前章では統計解析で最もよく使われる手法の一つ，要因 X から結果 Y への効果の有無を見積もる手法である回帰分析と最小二乗法に関して議論しました．そこでの前提は図 6・1 のようなものでした．

ここでは支配的な変動原因 X はただ一つで，そのほか小さな抑えられないばらつき原因が無数にあり，これらが Y に対して正規分布状のばらつき ε をひき起こすので，結果として支配的な変動原因 X と結果 Y の間は

$$Y = \alpha X + \beta + \varepsilon \quad (\alpha：傾き，\beta：切片，\varepsilon：正規分布状のノイズ)$$

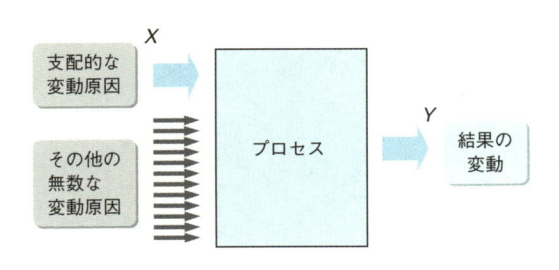

図 6・1　回帰分析の前提

という関係になっていると考えています．

　実際には支配的な変動要因はただ一つではなく，たくさんあることが普通ですが，実験室ではそれらの変動原因をできるだけ固定し，たった一つの原因 X のみを動かすことで，この回帰分析・最小二乗法の土俵に乗せることができます．ですから考えつく他の大きな変動原因をすべて一定にできていれば，X と Y の間には非常にきれいな直線（または曲線）関係が得られるということなのです．

　では，そのように工夫して実験したにもかかわらず，図 6・2 のように X から Y への応答が大きくばらついていたらどうでしょうか？

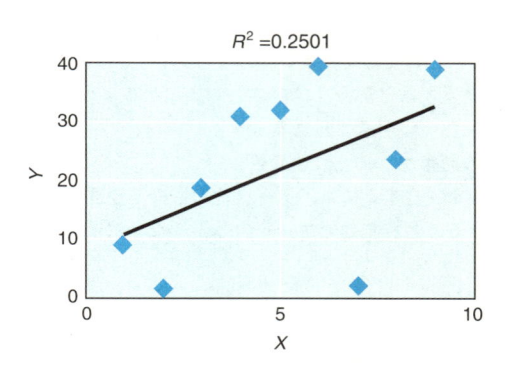

図 6・2　回帰分析で非常にばらつきの大きい応答

こうなることには二つの状況が考えられます．

❶ X に対する Y の応答の感度 α が小さく，ばらつき ε の影響に埋もれている（図 6・3(a)）．

❷ Y に効く支配的要因は実は X だけではなく，見逃していた別の原因 X' が動いていたために結果が乱れている（図 6・3(b)）．

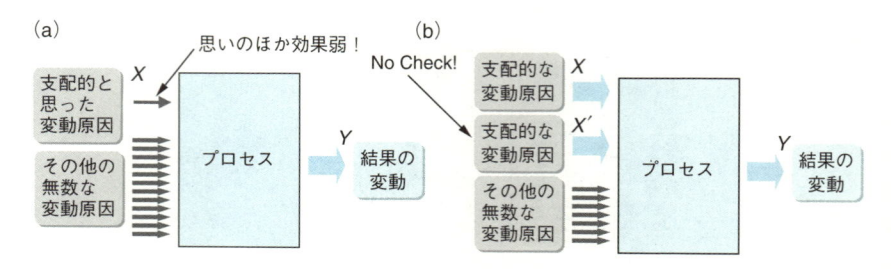

図 6・3　回帰分析がうまくいかない状況

6・1 単回帰分析の限界

前者のように大きなばらつき ε が原因であれば，これは効果があると踏んで選んだ操作条件 X よりも，その他無数の影響が足し合わさったもの ε の方が影響が強いということですから，効果があると思った X の Y への効果は実はばらつき ε 並みの大きさだったので，期待したほど効果がなかったということを意味します．この場合は図 6・2 のように一見右上がりの傾きがあるようにみえても，§5・4 で議論したように，実は X と Y が無関係にばらついている中からたまたま右上がりのようにみえる実験サンプルが選ばれてしまっている可能性が無視できませんから，X に対する Y の効果があると判断してしまうのは危険です．またこのときは多くの場合に Y のばらつきは正規分布状になっていることが期待されます．操作条件 X を含めて Y を動かす無数の要因がどれも突出することなく影響しているからです．このような場合であれば実験サンプルが数十点以上あるようなときには特性値 Y について正規確率プロットを描いてみると，きれいな正規分布であることを確認できることが多いと思います．

では 2 番目のように，動かした X だけでなく，別の要因 X' も結果 Y に大きく効いている場合はどうでしょうか？

もし別の要因 X' を完全に見落としていて，計測も何もしていなかった場合には❶のケースと見分けるのは困難ですが，もし支配的な要因が数個程度で，しかも運良くその測定値が記録に残されているような場合には，それを使って一見ばらつきのように見える効果から規則性を見いだすことが可能なことがあります．

たとえば実験をする場合には実験室の温度など，一定に制御するのは難しいが一応計測して記録しておく，というものがかなりあると思いますので，それら変動している他の条件から Y への影響も含めた因果関係を表す式をつくり，操作条件 X の Y に対する効果を確認する有用な手法が**重回帰分析**です．製品を製造している工場でのテストなどのように，実験室と異なり他の要因を完全に抑えて一つの要因だけの応答をみるというのが不可能な対象も数多くありますので，複数の支配的要因を一度に評価できるこの手法は必要不可欠とさえいえます．

またこの能力を積極的に活用し，複数の変動要因の効果を一度に評価できるような実験点の組合わせをあらかじめ決めるのが**実験計画法**です．

多くの自然現象・社会現象では，たとえ無数の変動原因があっても実際に大きく効くのはそのうちのごくわずかなものであることが多いので（**パレートの原理**：変動結果の 8 割は変動原因の 2 割によってひき起こされるという **80 : 20 の法則**としても知られる），よほど複雑な現象を扱っているのでない限りは，数個の説明変数

132   6. たくさんの要因を一度に評価する：重回帰分析

$X_1, X_2, \cdots$ を適切に選ぶことができればかなりの変動を重回帰式で拾うことが原理的にはできるはずです．それがうまくいかないのは大事な変動原因を見落としているか，あるいは応答が相転移や破壊などのようにカタストロフィックに急激に変動する複雑なもの，または全く異質なものを1組のデータセットの中にごちゃごちゃに混ぜてしまっているというような可能性が考えられ，そうなったときには相当多量のデータを腰を据えて集め，背後に隠された理論的な意味を必死で考えねばなりません．ある程度重回帰分析を試みたけれどうまく当てはまらなかった，というのもその際には重要な情報となります．

6・2 重回帰分析の考え方

図6・4はあるプラントの製品の不純物が変動する原因を特定しようとした例です．原料中の微量成分Aの影響がまず疑われましたので，これと製品不純物との関係を見てみました（図6・4，左）．供給原料中のAの組成が増えると製品不純物も増える関係は，おぼろげにはみえますけれどもかなりばらついています．そこで，もう一つの可能性として考えられた，原料中の別の微量成分Bとの関係もみてみました（図6・4，右）．こちらも関係があるようにはみえますが先ほど同様ばらつきがかなり大きく，回帰式の当てはめの良さの指標である R^2 値も非常に小さくなっています．

ところがこれをちょっと視点を変えて，物質AとBの組成変化に対する製品不純物組成の変化として立体的にみてみましょう．つまり図6・5のような3次元の図の上に手持ちのデータの値をプロットし，これらデータにもっともよく当てはまる平面を求めるのです．

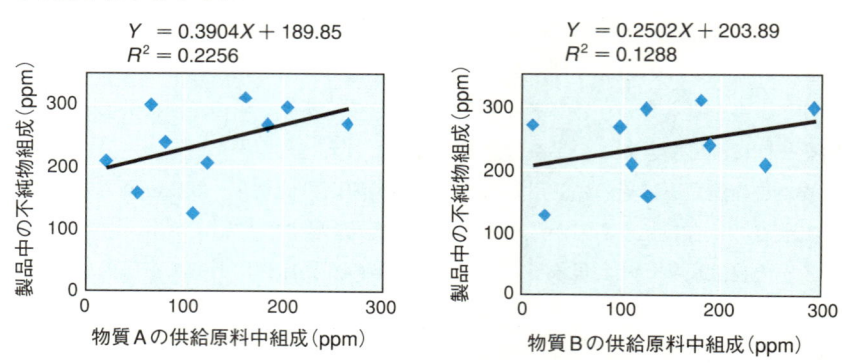

図6・4 二つの要因による製品不純物への影響

6・2 重回帰分析の考え方

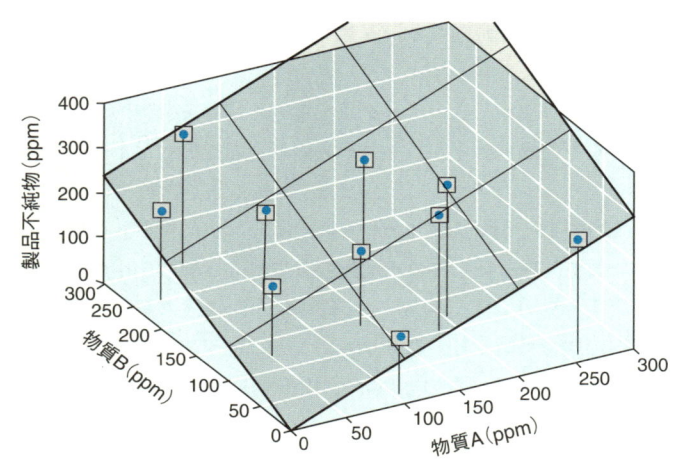

図 6・5 二つの要因による製品不純物への影響を 3 次元にプロット

　この図で，実際のデータは ● ですが，これら 10 個のサンプルに当てはめた平面上の点 □ を比較するとほとんど一致しています．この当てはめた面を表す重回帰式を見ると，

　　製品不純物濃度 ＝ 1.003 × 物質 A 組成 ＋ 0.8013 × 物質 B 組成 ＋ 0.352

です（式への当てはめ方法は次節にて解説します）．当てはまりの良さと効果の総合判定である R^2 値をここでも求めてみると，今度は 0.9916 と非常に高い値となっており，きわめて良い当てはめ式であることがわかります．

　なぜこんなに当てはまり指標の R^2 値が X 単独でみたときと違うのでしょうか？

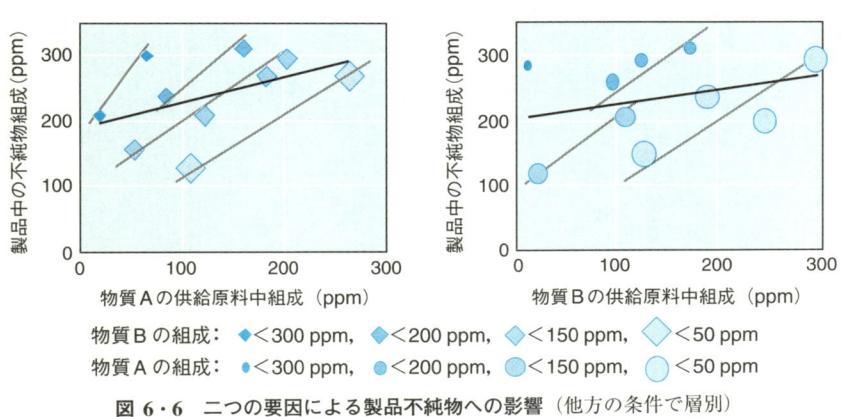

物質Bの組成： ◆＜300 ppm， ◆＜200 ppm， ◇＜150 ppm， ◇＜50 ppm
物質Aの組成： ●＜300 ppm， ●＜200 ppm， ○＜150 ppm， ○＜50 ppm

図 6・6 二つの要因による製品不純物への影響（他方の条件で層別）

それは図6・6のように層別（他方の変数の条件ごとに色分けしてグラフを表示）して描かせてみるとみえてきます．

他方の物質の濃度が薄いときのデータ点を大きく描いて立体的にみえるようにしましたのでおわかりと思いますが，それぞれの原料組成と製品不純物との1対1対応の散布図でばらつきのようにみえたのは，もう一方の物質の組成の変動だったのです．これを無視して引いた図6・4中の回帰線はかなり小さな傾きになってしまっており，物質A，Bそれぞれの不純物変動に対する影響を小さく見積もってしまっていたこともわかります（図6・4で得られた回帰式の傾きの大きさが，その後で求めた重回帰式の係数よりかなり小さいことに注目して下さい）．

係数に違いが出た理由はつぎのとおりです．図6・7をご覧いただけばおわかりのように，このサンプルにおいては物質Aが少ないときには物質Bが多く，逆に物質Aが多いときには物質Bが少ないというトレードオフ傾向にあります．Aが高いことで不純物が増える効果はBが減るために，またBが高いことで不純物が増える効果はAが減るために，AまたはB単独での製品不純物への応答でみたときにはそれぞれの効果を互いに打ち消しあって一見A，Bを増やしたことによる不純物増加が小さくみえてしまっているのです．

このように二つ以上の要因Xが結果Yに対して効いているときに，それぞれがどのように効いているかを解析するにはこれからご紹介する重回帰式によるアプローチか，あるいは図6・6で行ったように他方の条件で層別したグラフを駆使して現象をひもといていく方法に頼るしかありません．重回帰によるアプローチはコンピューターが計算して答えを出してくれるので手軽で早いのですが，それだけに

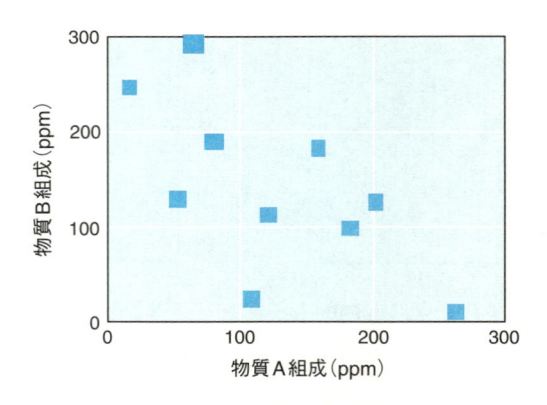

図6・7　製品不純物を計測したサンプル点の条件分布

さまざまな危険と裏表であることに注意が必要です．

重回帰分析の計算方法を§6・3に示したあと，これらさまざまな危険とその対処方法について詳細に議論することにします．手間はかかる方法ですが，図6・6のような層別によりグラフを描いて考える方法も取り扱う変数が少なく，サンプル数がそこそこ多いときは有用ですので，ぜひ併用してみるとよいと思います．特に§6・3に示すような重回帰分析の限界を視野に入れると，この層別という方法も大変効果的です．

6・3 重回帰式の計算と評価

第5章，単回帰式のところでみたように，ある条件 X が Y に対して及ぼす効果は関数 $Y = f(X)$ の形で表すことができます．もし Y に対して影響を及ぼす条件が二つ以上あるときは式を拡張して，

$$Y = f(X_1, X_2, X_3, \cdots, X_m)$$

のような関数の形に表されます．

この関数も現実には非常に複雑な形状をしていると考えられますが，近似的にはつぎのように簡単な線形の式として表すことができます．

$$\begin{aligned} Y &= f(X_1, X_2, X_3, \cdots, X_m) \\ &\fallingdotseq \alpha_0 + \alpha_1 X_1 + \alpha_2 X_2 + \alpha_3 X_3 + \cdots + \alpha_m X_m \end{aligned}$$

このようにシンプルな表現にすることで，傾きの大きさ α_k から X_k の Y への影響の大きさ（感度）を評価し，おおまかな関係をイメージすることが可能になります．

現実には Y に影響を及ぼす可能性のあるものは $X_1, X_2, X_3, \cdots, X_m$ だけには限られませんが，ある程度大きく寄与するものに限って残りは誤差成分とみなします．このほか本来は複雑な応答 f を線形の応答式に近似したための誤差も含めて当てはめ誤差を ε と置くと，求めるべき重回帰式はつぎのように表すことができます．

$$Y = \alpha_0 + \alpha_1 X_1 + \alpha_2 X_2 + \alpha_3 X_3 + \cdots + \alpha_m X_m + \varepsilon$$

当てはめ誤差 ε に関して，n 個のデータの組 $(X_{11}, X_{21}, X_{31}, \cdots, X_{m1}, Y_1)$，$\cdots$，$(X_{1n}, X_{2n}, X_{3n}, \cdots, X_{mn}, Y_n)$ を式に当てはめたときのそれぞれの点の当てはめ誤差 ε_1，$\cdots$，ε_n について，その2乗和の大きさが最小となるように当てはめ式の係数 $\alpha_0, \alpha_1, \alpha_2, \alpha_3, \cdots, \alpha_m$ を計算で求めます．

$$\sum \varepsilon_i^2 = \sum (Y_i - \alpha_0 - \alpha_1 X_{1i} - \alpha_2 X_{2i} - \cdots \alpha_m X_{mi})^2 \rightarrow \min$$

この計算方法，および結果として得られる係数 α_k の式については複雑になりますので省略しますが（コラム"重回帰計算"(p.150)参照），それぞれの変数 X_k と Y との相関係数 r_{yk} が大きいときは係数が大きくなる傾向や，係数の大きさは Y のばらつきの大きさ s_Y（標準偏差）と X_k のばらつきの大きさ s_k（標準偏差）の比率倍されている点などが単回帰のときと同様です．もし説明変数 X どうしに相関がなければ，X_k と X_l の相関係数 $r_{kl} = 0$ $(k \neq l)$ ですから，係数 α_k を求める式は

$$\alpha_k = r_{kY} \cdot \frac{s_Y}{s_{X_k}}$$

となり，単回帰のときの答えに一致します．つまり説明変数 X（操作条件）を注意深く設定し，互いに相関が出ないようにすれば，それぞれの X_k から Y への効果を示す係数 α_k を求めるのに，他の説明変数の影響を受けずに済む，すなわち単回帰式を説明変数の数だけ求めて加え合わせれば重回帰式になるのです．

できるだけこうなるように工夫するためのテクニックが§6・8で述べる実験計画法なのですが，このように説明変数どうしの相関を出さないことの効果はつぎの2点です．

❶ 有限のデータから求めた（推定した）係数の誤差を小さくする．

❷ したがって，少ないデータでも説明変数 X から Y への効果が適切にできる．

要は説明変数 X どうしに相関があると，その変数の動きが邪魔をして重回帰の係数の値がおかしなことになりやすいということです．§6・7で詳しく論じますが，はなはだしいときは，あるはずの効果が消えてしまったり逆転してしまったりして現象の解釈に困りますので，実験点 $(X_{11}, X_{21}, X_{31}, \cdots, X_{m1}, Y_1)$，$\cdots$，$(X_{1n}, X_{2n}, X_{3n}, \cdots, X_{mn}, Y_n)$ の設定には十分な注意と工夫が必要です．

6・4 回帰係数の解釈

基本的には，得られた回帰式の X_k における係数 α_k は，X_k を動かしたときに Y がどのように変化するかのおよその目安を与えてくれます．もしこの係数がプラスの値であれば，X_k を大きくすることにより Y も大きくなりますし，マイナスであれば X_k が大きいと Y は小さくなるということがいえます．

ただし単回帰（一つの X と Y との回帰分析）のとき同様，有限のデータから推定された関係ですので現実には誤差を含んでいます．つまり傾きの大きさとして係数 α_k に表されている関係のなにがしかは，実はばらつきの影響でたまたまそうなってしまっているということを忘れないようにしなければなりません．当てはめ

誤差が大きいとき（決定係数 R^2 が小さいとき），またサンプルの数が少ないときには回帰式自体あまり信用すべきではないということも単回帰のときと同様です．

また単回帰のときと異なり，複数の説明変数 $X_1, X_2, \cdots$ を扱いますので，前節で述べたように説明変数どうしの相関により傾き α_k は影響を受けます．説明変数どうしに相関がなければ問題はないですが，相関の強い変数が存在すると，α_k の推定精度はたとえデータがたくさんあっても著しく悪くなることがあります．

第5章でみたように説明変数 X が一つだけのときは，回帰式としての性能が即傾き α の大きさや信頼性に直結していましたが，複数の説明変数を扱う重回帰分析では，決定係数 R^2 が十分に大きく回帰式としては Y の変化を拾っていることがわかっても，それぞれの説明変数 X_k の Y への寄与 α_k がすべて効果があることを意味するわけではありません．たとえば温度 T と配合比 R から反応収率 Y を予測する重回帰式が以下のように求まったとします．

$$Y = 0.00231\,T + 0.00896\,R + 0.183 \qquad (\text{サンプル数}\,10,\ R^2 = 0.69)$$

それぞれのデータの散布状態を図6・8に示します．図から見る限り，温度 T が収率 Y に効果があることは明らかにいえそうなデータの散布状態ですが，他方配合比 R と収率 Y との関係はそれほどきれいには見えません．もちろん§6・2の製品不純物の例のように，温度 T の変動の影響に埋もれて，あるはずの効果が見えなくなっているという可能性も否定できません．そこで重回帰分析の出番となります．

表6・1は，表計算ソフト Excel に付属の分析ツールで重回帰分析の計算をさせた結果です．この表で着目するのはまず当てはまりの良さの指標である重決定 R^2（決定係数），および本当は T にも R にも収率 Y は影響を受けないにもかかわらず偶然手元のデータからこのような分析結果が得られる確率（有意 F）です．

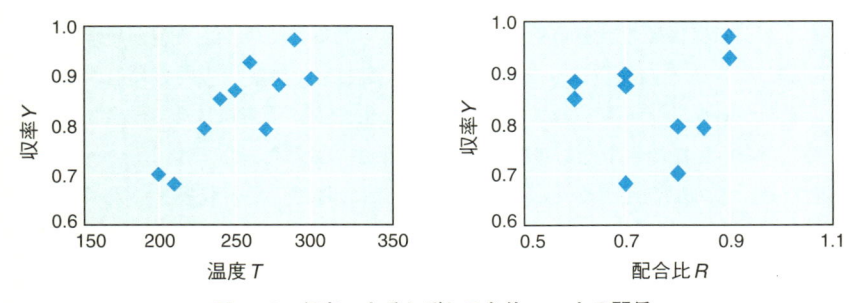

図6・8 収率 Y とそれぞれの条件 T, R との関係

表 6・1 図 6・8 の関係を重回帰分析にかけたもの
(Excel の分析ツールを使用)

概要						
回帰統計						
重相関 R	0.836004					
重決定 R^2	0.698903					
補正 R^2	0.612876					
標準誤差	0.058434					
観測数	10					
分散分析表						
	自由度	変動	分散	観測された分散比	有意 F	
回 帰	2	0.055481	0.02774	8.124167703	0.014979	
残 差	7	0.023902	0.003415			
合 計	9	0.079383				
	係数	標準誤差	t	P-値	下限 95%	上限 95%
切 片	0.183253	0.192269	0.953109	0.372279041	−0.27139	0.637896
T	0.002314	0.000585	3.952437	0.005514775	0.00093	0.003699
R	0.089611	0.174841	0.512526	0.624054824	−0.32382	0.503044

　このケースでは決定係数 R^2 が 0.69 とそこそこ大きく，分散分析表の有意 F は 0.014979（およそ 100 回に 1.5 回しか関係のない X と Y からはこのような結果が得られる可能性はない）ということなので重回帰式は意味があると考えてよく，温度 T，配合比 R から収率 Y へのなにがしかの効果は存在するといえそうです．

　ところがその下のそれぞれの変数から収率 Y への効果（傾きの大きさ α_k）の評価を見てみると，確かに温度 T に関してはかなり確実に収率 Y に対して効果があることがいえそうですが，配合比 R に関してはそうではありません．というのは計算結果の回帰係数は左端にありますが，この係数がどの程度ばらつく可能性があるのかをみたのが右端の 95% 信頼区間の上下限（同じ条件でデータを取り直したとすると，回帰係数の計算結果が 95% の確率で入ると予想できる範囲）で．これをみると配合比 R の係数は 0 を挟んでプラス側とマイナス側の両方に値が存在する可能性があり，今回はたまたまプラスの値でしたが，現実には 0 で配合比が収率に効果がない可能性も十分あり得るという結果が示されたからです．

　ただし，この配合比 R から収率 Y への効果は，温度 T から収率 Y の効果，あるいは当てはめ誤差としてのばらつきに埋もれてしまって正の寄与なのか負の寄与なのかわからなくなっているということで，決して効果がないといっているわけではありません．

6・4 回帰係数の解釈

表 6・2 温度 T だけに絞って回帰計算(Excel の分析ツールを使用)

概要							
回帰統計							
重相関 R	0.829219						
重決定 R^2	0.687604						
補正 R^2	0.648555						
標準誤差	0.055676						
観測数	10						
分散分析表							
	自由度	変動	分散	観測された分散比	有意 F		
回 帰	1	0.054584	0.054584	17.60854	0.003012		
残 差	8	0.024799	0.0031				
合 計	9	0.079383					
	係 数	標準誤差	t	P-値	下限 95%	上限 95%	下限 99.0%
切 片	0.245587	0.141887	1.730857	0.121723	−0.08161	0.572779	−0.2305
T	0.002335	0.000556	4.196253	0.003012	0.001052	0.003618	0.000468

　表 6・2 に温度 T だけに説明変数 X を減らしたときの回帰分析結果を示します．決定係数 R^2 こそわずかに小さいですがほとんど差はなく，配合比 R の効果はあってもなくても大差ないということがわかります．この温度 T から収率 Y への影響のように大きな効果が重回帰式の性能を決めているとき，この効果に隠れて他の小さな変動はみえなくなってしまうことがあります．

　また，もう一つ注意が必要なのは重回帰式でどの変数が一番 Y に対して影響度が大きいかを見積もる作業です．これは Y が製品の品質であれば，どれを操作すれば品質向上が効果的に図れるかの見極めに，Y がプラントのトラブルのようなものであればどの変数を抑えればプロセスが安定化するかといった評価につながる重要な作業です．先ほどの表 6・1 での収率に対する回帰式

$$Y = 0.00231\,T + 0.00896\,R + 0.183 \quad (\text{サンプル数 10},\ R^2 = 0.69)$$

では，温度 T に対する係数は 0.00231，配合比 R に対する係数は 0.00896 なので，一見 R による Y への効果の方が T による効果の 4 倍大きいようにみえますがこれは正しくありません．それは図 6・8 でわかるように，このデータでは温度が 200〜300 ℃ で動き，100 ℃ 変化したときの収率 Y への影響が $0.00231 \times 100 = 0.231$ もあるのに対し，配合比 R は 0.6〜0.9 の範囲なので，最大 0.3 動いたとしても収率 Y への影響はわずかに $0.00896 \times 0.3 = 0.0026$ で温度による動きの約 100 分の 1 しかないからです．

このようにある説明変数 X_k の結果 Y への寄与の大きさは，得られた係数の大きさ α_k だけでなく，X_k の変化の大きさにも依存していますので，この効果を加味して各変数の寄与の大きさを比較するにはつぎのような規格化された係数を使います．

$$\hat{\alpha}_k = \alpha_k \cdot \frac{s_{X_k}}{s_Y}$$

$$s_{X_k} = \sqrt{\frac{\sum_i (X_{ki} - \overline{X_k})}{n-1}} : X_k \text{の標準偏差}$$

$$s_Y = \sqrt{\frac{\sum_i (Y_i - \overline{Y})}{n-1}} : Y \text{の標準偏差}$$

こうすることで，それぞれの変数 X_k が1標準偏差分だけ変動したときの Y への影響の大きさがわかりますので，変数の寄与の程度を対等に比較することができます．

操作変数 X_k があまり動いていないときは，標準偏差は小さいですから，この規格化された回帰係数も小さくなることが多くあります．本来物理的に考えると効果が出るはずの変数の寄与が出てこないというケースはたいていこの場合で，これは別の見方をすると§6・1で述べたようにこの変数を一定に制御して Y への効果を消し，他の変数の Y への影響を見極めやすくしているとも考えられます．

6・5　オーバーフィッティングと変数の絞り込み

たくさんの要因から Y への応答を一度に評価できる重回帰分析は便利な反面，誤った使い方をしてとんでもない結論に至ることがままあります．以下ではそのような落とし穴にはまらないための留意点をいくつか取り上げてみます．

重回帰の注意ポイント❶　変数をたくさん使い過ぎていないか？

未知の変動原因が気になり始めると，あれもこれもと説明変数 X に入れて効果を確認してみたくなります．

確かに説明変数を $X_1, X_2, \cdots$ とどんどん増やしていくと決定係数 R^2 は大きくなっていき式の当てはまりが向上してうれしいのですが，やがて決定係数が1になってそれ以上の説明変数を入れた重回帰式は計算不能になります．

これは何が起こったのかといえば，もともとサンプル数が n 個しかないので，n 個のパラメーターをもつ式 $Y = \alpha_0 + \alpha_1 X_1 + \alpha_2 X_2 + \cdots + \alpha_{n-1} X_{n-1}$ はどんなデータであっても n 個の係数を調整すればパーフェクトに合わせられるということなの

6・5 オーバーフィッティングと変数の絞り込み

です．ちょうど3点を通る2次関数（$Y = \alpha_0 + \alpha_1 X + \alpha_2 X^2$：係数が3個）や4点を通る3次関数（$Y = \alpha_0 + \alpha_1 X + \alpha_2 X^2 + \alpha_3 X^3$：係数が4個）が必ず存在するのと同じことで，どのような n 組のデータセット $(X_{11}, X_{21}, X_{31}, \cdots, X_{n-11}, Y_1), \cdots, (X_{1n}, X_{2n}, X_{3n}, \cdots, X_{n-1n}, Y_n)$ であっても決定係数 $R^2 = 1$ となるような重回帰式が存在するということですから，そのような式が得られても実は何の意味もないのです．結果として明らかに関係ないはずの要因が，このために見掛け上効果があるようにみえてしまうことがよくありますので，あまり変数を使い過ぎないこと，および得られた結果の物理的意味をよく吟味することは大変重要です．

通常の重回帰式のつくり方としては，最初に Y と相関が高く最も Y に対して効果があると考えられる変数を X_1 として取り上げて単回帰式を計算，つぎに効くと思われる変数を X_2 として X_1, X_2 の2変数による重回帰を計算，そのつぎの変数 X_3 による X_1, X_2, X_3 の3変数による重回帰の計算，というように増やしていくことが多いと思いますが，その際には追加した変数によって当てはまりが大きく向上しない（R^2 が追加前後で大きくならない）ときにはその変数は式には入れず，できるだけシンプルな重回帰式を目指すことが大切で，その方が式の解釈も容易なはずです．個人的な見解ですが，何が結果に効いているのかの現象理解のために重回帰式をつくるときには，説明変数が3～4個を超えると考えることが難しくなりますので，それ以上増やさないことが良い重回帰式をつくるコツです．もし3～4個の変数で当てはまりが思わしくないときは，おそらく大事な変数をまだ見落としているか，あるいはまだ条件を振らせるばらつき要因が多すぎて現象がぐちゃぐちゃになっているという可能性が高いので少し頭を冷やして考える必要があります．たくさんの変数を評価できる重回帰分析があるからどんなに複雑な現象でも快刀乱麻というわけにはいかないのです．

また実験点数が10以下の場合はよほど当てはまりが改善しない限りは，重回帰は使わない方がよいでしょう．

重回帰式に使う変数の数を増やすとこのように当てはめ過ぎに陥る危険性があります．この関係を定量的に評価し，当てはまりの良さと変数の数のバランスを取る方法としていくつかの方法があります．

❶ 全体の当てはまりから評価する方法

表計算ソフト Excel の分析ツールで回帰分析を計算したときには"補正 R^2"として，自由度調整済みの決定係数というものが結果に表示されています（表 6・1）．

決定係数 R^2 が5章で示したつぎのように定義されるものであったのに対し

$$R^2 = \frac{\text{回帰式により説明される}Y\text{のばらつき}S_\alpha}{\text{平均値を中心とした}Y\text{のばらつき}S_Y}$$

$$= 1 - \frac{\text{当てはめ誤差のばらつき}S_e}{S_Y}$$

$$S_Y = \sum_i (Y_i - \overline{Y})^2$$

$$S_e = \sum_i (Y_i - \alpha_0 - \alpha_0 X_{1i} - \cdots - \alpha_m X_{mi})^2$$

この補正 R^2 (R^{2*}) では，Yのばらつき S_Y と残差のばらつき S_e をそれぞれの自由度で割ってそれぞれの分散の推定値として評価します．

$$R^{2*} = 1 - \frac{\text{当てはめ誤差の分散}V_e}{Y\text{の分散}V_Y}$$

$$V_Y = \frac{S_Y}{n-1} \qquad V_e = \frac{S_e}{n-m-1}$$

（n：サンプル数，m：定数項 α_0 を除く回帰式のパラメーター（α_k）の数）

決定係数が全体での当てはまり具合を評価しているのに対し，補正 R^2 ではデータ1点当たりの平均的な当てはまり具合を評価します．その際にデータ数 n でなく自由度で割ることで，第1章で議論したような推定値の偏りを補正しているのです．

この補正 R^2 では，式のパラメータの数 m すなわち重回帰に取り上げている変数がサンプル数 n に比べて無視できないくらい大きいと，$n-m-1$ が小さくなりますので，当てはまりが良くなって S_e は小さくなっても残差の分散 V_e は小さくならないことがあります．結果的に変数を増やしていったとき，どこかで V_e に最小値が現れ，V_Y は一定ですからそのポイントで自由度調整済み決定係数は最大値を取ることになり，それ以上変数を増やすと当てはめ過ぎであると判断するのです．

決定係数 R^2 と補正決定係数 R^{2*} との間にはつぎのような関係がありますので，この関係を使って変数を追加したときに，どの程度決定係数 R^2 の増加があれば補正係数 R^{2*} も大きくなるか，すなわちこの変数を追加してよいという判断が補正決定係数からできる決定係数 R^2 の増加の程度はいかほどであるかを，図6・9に示します．

$$1 - R^{2*} = \frac{n-1}{n-m-1}(1-R^2)$$

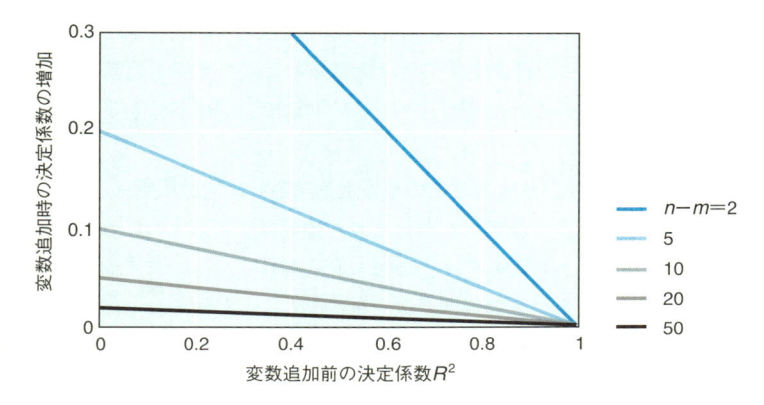

6・5 オーバーフィッティングと変数の絞り込み

図 6・9 データ数 n，変数 m から新たに変数を一つ追加したとき補正 R^2 が増加するのに必要な決定係数 R^2 の増加量

たとえばデータ数 n が 15 個で，5 個の変数 m をすでに使用して回帰式をつくり，決定係数 $R^2 = 0.6$ であったとします．これにもう 1 個の変数を追加したときにどの程度決定係数が増えていればこの変数を追加してもよいと判断できるかというと図の $n-m = 10$ の線より $\Delta R^2 = 0.05$ ということで，これよりも決定係数の増加が大きければこの変数を追加してもよいと，この判定基準からは判断できることになります．おわかりのように $n-m$ が小さいほど（当てはめに使う変数 m の数がデータ数 n に近づくほど）このハードルは高くなり，変数の使い過ぎに歯止めをかけています．

もっともデータ数が数十個あって，選ぶ変数が 3～4 個であればこの補正をしても両者はほとんど差がなく，この状況では変数を選びすぎる歯止めとしては効かないことがほとんどです．ただ図で $n-m = 20$ または 50 の線をみていただくと，変数を追加して R^2 が 0.01 程度の増加であればこのハードルに引っかかりますので，大まかな目安として R^2 の増加が 0.01 程度と非常に小さければ追加した変数にあまり期待してはいけないということはいえると思います．§ 6・4 で示した例では，配合比を変数として追加すると補正 R^2 が低下していることがみて取れます（表 6・1 と表 6・2 を比較してみてください）ので，この点から配合比は重回帰式に入れるのは望ましくないということがわかります（物理的に効果があることがあらかじめわかっている場合はこの限りではありませんが）．

このほかに全体の当てはまり具合の変化から変数追加の可否を判定する手法としてはマローズの Cp 統計量，赤池の情報量基準（AIC），FPE（Final Prediction

Error）法などがあります．それぞれ特徴があり比較してみると面白いのですが，Excelですぐに使えるこの自由度調整済み決定係数と異なり専用の統計ソフトでないとなかなか使えないこともあり，スペースの関係で説明は省略します．

❷ 各係数の信頼区間幅から変数ごとの重要度を判断して変数選択

回帰式を計算するとき，結果として得られた係数はノイズ ε のためにばらつきます．すなわち同じ対象から別のデータの組を取り直せば，得られる係数の値は違ってくるのです．そのばらつき形状は正規分布になることが知られていますので，第1章でみたような正規分布の信頼区間評価が使用可能です．図6・10に X_k の係数として $\alpha_k = 0.582$ という値が仮に得られたときのこの係数の信頼区間の評価の考え方を示します．

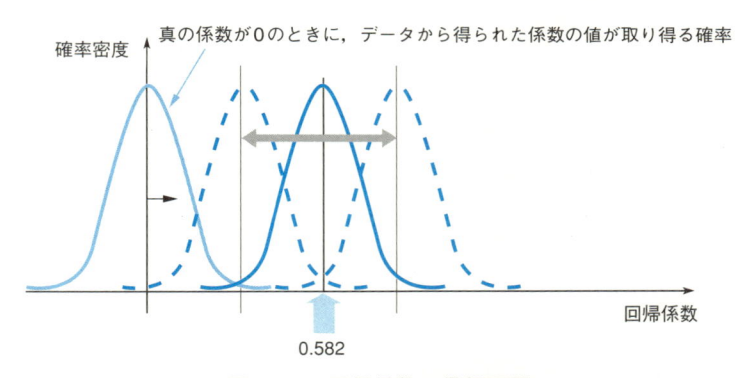

図 6・10　回帰係数の信頼区間

この係数 α_k が果たして意味があるものかどうか（X_k から Y への効果があるかどうか）は，この α_k が実は0であるにもかかわらず，ノイズの影響でたまたま $\alpha_k = 0.582$ という値になっているのだという可能性がほとんどないことを確認する必要があります．そのためにはこの $\alpha_k = 0.582$ が，α_k の正規分布状のばらつきの標準偏差に比べて十分大きいことがわかればよいのです．たとえばもし α_k のばらつきの標準偏差が $0.582/3 = 0.194$ であったとすると，$\alpha_k = 0$ は標準偏差の3倍だけ離れていますから，この係数が実は0以下であった可能性は正規分布でそれ以上の値を取る確率である 0.00135（0.135％）ですからほとんどあり得ないことがわかります．逆にもし標準偏差が 1.0 や 2.0 のように大きかったりすると，$\alpha_k \leqq 0$ である可能性もかなり高くなります．

6・5 オーバーフィッティングと変数の絞り込み

したがってこの係数 α_k が意味があるかどうかを判断するために，つぎのような尺度 t を計算します．

$$t = \frac{\text{係数の大きさ}}{\text{係数の標準誤差}}$$

この t が大きければ大きいほど，ばらつきに比べて係数が大きいことになりますから，この係数が実は0である可能性は低くなります．

どれくらい大きければよいかは，正規分布であることを前提とすると，実は係数の大きさが0であったときに偶然この t 以上の値が得られる確率が p 値として計算可能ですので，これを目安にして判断します．t の値に対する p 値の値を図6・11に示しますが，t の値が大きくなるにつれて急激に，実は0であったという確率は低下していることがみて取れます．回帰係数はマイナスの値を取り得るので，図では横軸は絶対値を取っています．また，現実に計算するときにはサンプル数 n と回帰係数の数 m との差が少ないと偏りが発生して標準誤差が小さめに推定されてしまいますので，第1章でみたように少し裾野を広くして安全をみる t 分布の考え方がここでも出てきており，サンプル数 n に比べて変数 m の数が多いときは厳しめの評価がなされています．

このグラフでだいたい p が 0.05（5％）付近となる $t = 1.5$ あたりの値となった係数は，実は0である可能性が5％くらいあるということですので重回帰式には入れない方がよいでしょう．統計の教科書によく載っている回帰分析の変数選択法でも，$t = \sqrt{2}$（F値（t^2）$= 2.0$）を，係数を式に含めるかどうかの自動判別基準にしています．

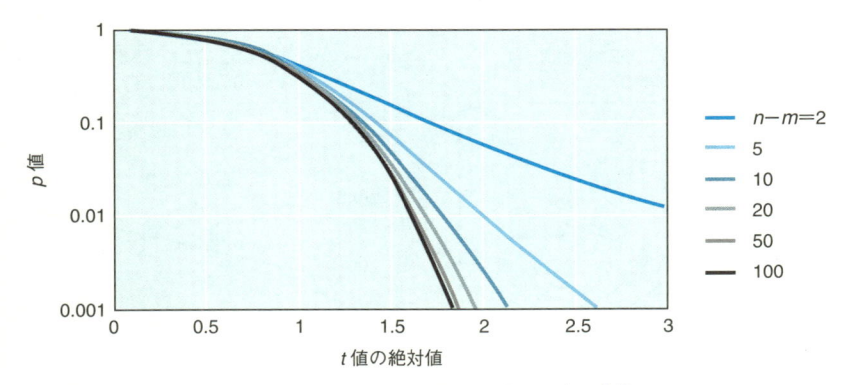

図6・11 変数選択の判定基準 t 値と，その変数の回帰係数 α_k が実は0である確率 p 値

係数の標準偏差の計算は複雑ですのでここでは省略しますが，これらは表6・1や表6・2を見ていただければわかるように，Excelなどの計算ソフトでは自動的に計算してくれていますので，その結果を判断すればよいでしょう．

注意が必要なのは変数を追加したり除いたりするたびに，他の変数Xの係数の大きさや標準誤差の大きさも変わり，今まで大きかったt値が急に小さくなってしまうことがあることです．そのような場合には§6・7で示すようなX変数どうしの相関が疑われますので，変数をよく吟味してどちらを回帰式に残すか決めることが必要になります．

6・6 外れ点の影響の発見と補正

重回帰の注意ポイント ❷　条件として大きく外れた点が紛れ込んでいないか？

回帰式を求めるとき他の点からかけ離れた点が存在すると，その点に引きずられて当てはめの回帰直線がおかしな挙動を示すことがあります．これは一つのXと一つのYでは容易に見つけられるのですが，重回帰で取り扱う変数が増えると見落としがちになります．

たとえば先ほどからの不純物の例で，図6・12のような状況はどうでしょうか？これは§6・2の不純物増加の原因推定をした図6・4に，新たに1点だけ計測点を追加したものです．

新規に追加した点は目で見ても明らかに飛び抜けて大きいですし，その他の10点でつくった先ほどの重回帰式で不純物濃度を予測すると512 ppmですのでかな

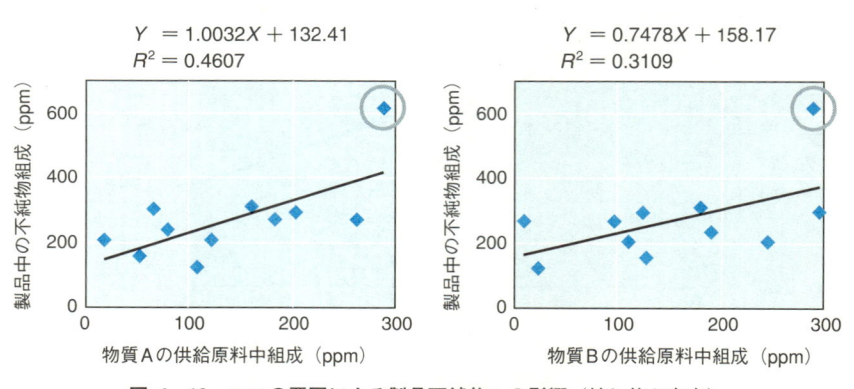

$Y = 1.0032X + 132.41$
$R^2 = 0.4607$

$Y = 0.7478X + 158.17$
$R^2 = 0.3109$

図 6・12　二つの要因による製品不純物への影響（外れ値が存在）

6・6 外れ点の影響の発見と補正

りずれている計測点です．ところがこの 11 点で重回帰式をつくると，

製品不純物濃度 ＝ 1.234×物質 A 濃度 ＋ 0.990×物質 B 濃度 −52.4　（$R^2 = 0.98$）

物質 A・B の濃度変化に対する不純物の応答感度（係数）は前の式に比べ 2 割近く大きく，かなりこの外れ点に引きずられています．ところが当てはめの良さの指標である決定係数 R^2 は 0.98 と大きいままなので，もしこのような散布図を描かずに計算値だけで当てはめの善し悪しを判断するとこの異常値を見逃すことになります．重回帰式を計算するだけでなく，このようにグラフを描いて飛び抜けて外れた点がないかどうか確認し，怪しければ取り除いて式を再計算する，という手順は決して怠ってはなりません．またこのような外れ値の発見には，§5・5 でみたような当てはめ誤差（残差）が正規分布状かどうかの判定も有効です．

● ジャックナイフ法とクロスバリデーション

このような外れ点の影響を回避する，あるいは異常値の発見を容易にする方法としてお薦めしたいのがこの**クロスバリデーション**です．

回帰分析により Y の予測式

$$Y = \alpha_0 + \alpha_1 X_1 + \alpha_2 X_2 + \alpha_3 X_3 + \cdots + \alpha_m X_m$$

が得られたとき，この式が妥当かどうかの評価をするのにだれでも考えつくのは，新たに実験や計測をして，得られたデータ（$X_{1\text{new}}, X_{2\text{new}}, X_{3\text{new}}, \cdots X_{m\text{new}}, Y_{\text{new}}$）がこの式の関係を満たしているかどうか，つまりこの式に新しく得られた X を入れて Y を予測し，この予測値と実際に得られた Y_{new} とに大きな差が出ないことを確認するやり方です．

ところがよく考えてみると，性能を評価するには別に新たな実験をしなくても，今手持ちのデータの一部を検証用に残しておき，それ以外のデータで回帰式をつくってから取っておいたデータで式の当てはまり具合を検証すれば同じことではないでしょうか．しかも残しておくデータの組を一通りに限定せずに，さまざまな組合わせで繰返し繰返し式の検証を行えば，回帰式の評価もより徹底してできることになります．

この考え方を実際に行うのがクロスバリデーションです．通常よくやるのは手持ちのデータの半分くらいを検証用に残しておき（データ数が少ないときは 1/3，1/5 などと臨機応変に決めてよい），それ以外でモデルをつくります．残すデータの選択は理想的にはランダムにピックアップするのがよいですが，極端にデータに偏りなどの癖がなければ，たとえば表の前半を当てはめ用に，後半を検証用にする

などの取り扱いをすることもあります．逆に極端な癖のあるケースはいろいろな工夫，たとえばデータの中に非常に偏った分布を示す変数があるときは，その効果が式をつくるときに見落とされないようにする必要があります（たとえばほとんどが0で，ほんの一部だけ＋の値を取るなどの変数ではもしこれがモデル作成の側にすべて0のデータがいってしまうと，この変数のYに対する効果は評価不能になります）．

つくった式を検証用データに当てはめて，予測性能をみます．理想的には式をつくったデータにおける当てはめの誤差S_eと，検証用データを当てはめたときの予測誤差S_pとが一致していることが望ましいですが，変数をたくさん入れて§6・5のようなオーバーフィッティングの状態にすると，予測性能は極端に低下してしまうことがままあります．ですからこの方法で当てはめ過ぎていないかどうかの評価も可能です．

この当てはめと検証は1回だけでなく，当てはめ用と検証用のデータの組をさまざまに入れ替えて何度も何度も行うとよいです．もし適切な回帰式が得られていれば，当てはめ用のデータを入れ替えてもだいたい似たような係数をもつ式が毎回得られるでしょうし，検証用データの予測誤差も大きく外れることはありません．この評価をたとえば100回繰返せば，100通りの回帰式が得られますから，それらの式の回帰係数α_kの分布を求めてそれらの信頼区間を評価するといったことも可能でよく行われます．

サンプル数が少ないときは，検証用のデータとしてあまりたくさんのサンプルを取ると当てはめに使うサンプル数が苦しくなりますから，検証用のサンプルは一つだけにして，あとのサンプルは皆当てはめに使います．検証用のサンプルを端から順番に変えていって全部でサンプル数と同じn通りの回帰式をつくるのが**ジャックナイフ法**です．この方法は頭をあまり使わずにできますし，1点だけ大きく外れた値があったときにはその検知に非常に有効です．

6・7 因果律と重回帰

重回帰の注意ポイント ❸ 原因と結果の関係はきれいに成り立っているか？

たくさんの変数間の関係の物理的意味を考えることなく，とにかく何でも説明変数Xに放りこんで式をつくると，中には結果Yに対する原因とは明らかにいえないものがよく紛れ込みます．これが結果Yと無関係であると判定できればよいの

6・7 因果律と重回帰

ですが，中にはそうならずに誤った判断を下す事例があとを絶ちません．
　このケースで一番多いのは，原因と結果の取り違え，つまり Y が原因となって X がひき起こされているというものや，よく考えると Y と同じものを別の指標で測定しているケースです．たとえば図 6・13 のように，同じ原因から得られる互いに直接関係のない変数（図では排ガス蒸気圧）を，温度・圧力に加えて説明変数に入れてしまうと，温度・圧力からの収率への寄与の大きさを正しく見積もることができません．極端な話，排ガス蒸気圧と収率との相関がきわめて高かったりすると，本来出てこなければならない温度や圧力からの収率の寄与が消えてしまったり，正負が逆転して物理的に理解不能な関係になったりします．

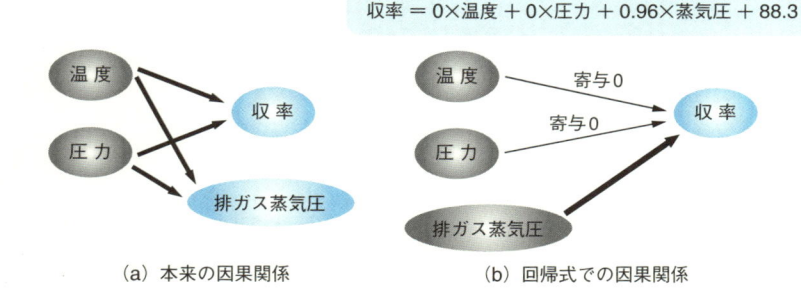

収率 ＝ 0×温度 ＋ 0×圧力 ＋ 0.96×蒸気圧 ＋ 88.3

（a）本来の因果関係　　　　　　（b）回帰式での因果関係

図 6・13　因果関係を誤って重回帰式を作成し，本来あるべき関係が消えた例

　ほかにも，図 6・14 の(a)のように中間変数を，あるいは(b)のように結果を説明変数 X に入れてしまうと，図 6・13 と同じような問題が起こってしまいます．
　このように重回帰分析では，それぞれの X が個別に Y に影響しているという式の形を取っているために，多くの物理現象でよくみられる因果関係の連鎖がそのままではうまく扱えないのです．理屈を深く考えることなく，やみくもに多くの変数を取り上げるとこのような落とし穴に簡単にはまってしまいます．

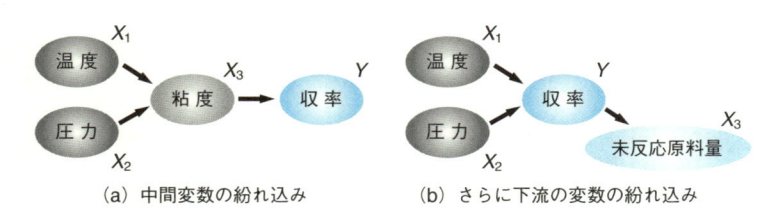

（a）中間変数の紛れ込み　　　　（b）さらに下流の変数の紛れ込み

図 6・14　単純に重回帰をつくると判断を誤る恐れのある関係

● 重回帰計算 ●

重回帰式の計算方法を以下にまとめました. たくさんの変数を扱うのでかなり複雑な式になりましたが, 計算結果を眺めてみるといろいろなことがわかります.

以下の式を満足するように $\alpha_0, \cdots, \alpha_m$ を決める.

$$J = \sum_{i=1}^{n}(Y_i - \alpha_0 - \alpha_1 X_{1i} - \alpha_2 X_{2i} - \cdots - \alpha_m X_{mi})^2 \to \min$$

変分法によって, 以下の式を満足する $\alpha_0, \cdots, \alpha_m$ が $J \to \min$ を満足する答えを求める.

$$\frac{\partial J}{\partial \alpha_0} = -2\sum_{i=1}^{n}(Y_i - \alpha_0 - \alpha_1 X_{1i} - \alpha_2 X_{2i} - \cdots - \alpha_m X_{mi}) = 0$$

$$\frac{\partial J}{\partial \alpha_1} = -2\sum_{i=1}^{n}X_{1i}(Y_i - \alpha_0 - \alpha_1 X_{1i} - \alpha_2 X_{2i} - \cdots - \alpha_m X_{mi}) = 0$$

$$\vdots$$

$$\frac{\partial J}{\partial \alpha_m} = -2\sum_{i=1}^{n}X_{mi}(Y_i - \alpha_0 - \alpha_1 X_{1i} - \alpha_2 X_{2i} - \cdots - \alpha_m X_{mi}) = 0$$

これらを整理すると, つぎのような式が得られる.

$$\alpha_0 = \frac{1}{n}\left\{\sum_{i=1}^{n}Y_i - \alpha_1\sum_{i=1}^{n}X_{1i} - \alpha_2\sum_{i=1}^{n}X_{2i} - \cdots - \alpha_m\sum_{i=1}^{n}X_{mi}\right\} = \overline{Y} - \alpha_1\overline{X}_1 - \alpha_2\overline{X}_2 - \cdots - \alpha_m\overline{X}_m$$

$$\alpha_0\sum_{i=1}^{n}X_{1i} + \alpha_1\sum_{i=1}^{n}X_{1i}X_{1i} + \alpha_2\sum_{i=1}^{n}X_{1i}X_{2i} + \cdots + \alpha_m\sum_{i=1}^{n}X_{1i}X_{mi} = \sum_{i=1}^{n}X_{1i}Y_i$$

$$\vdots$$

$$\alpha_0\sum_{i=1}^{n}X_{mi} + \alpha_1\sum_{i=1}^{n}X_{mi}X_{1i} + \alpha_2\sum_{i=1}^{n}X_{mi}X_{2i} + \cdots + \alpha_m\sum_{i=1}^{n}X_{mi}X_{mi} = \sum_{i=1}^{n}X_{mi}Y_i$$

切片である α_0 がこのようになっているということは, 単回帰のときと同様 n 個のデータの組 $(X_{11}, X_{21}, X_{31}, \cdots, X_{m1}, Y_1), \cdots, (X_{1n}, X_{2n}, X_{3n}, \cdots, X_{mn}, Y_n)$ の重心を必ず重回帰式は通っていることを示す. また他の式から切片 α_0 を消去すると結局, 他の係数 $\alpha_1, \cdots, \alpha_m$ を求めるにはつぎの連立方程式を解けばよいことになる.

$$\alpha_1\sum_{i=1}^{n}(X_{1i} - \overline{X}_1)^2 + \alpha_2\sum_{i=1}^{n}(X_{1i} - \overline{X}_1)(X_{2i} - \overline{X}_2) + \cdots + \alpha_m\sum_{i=1}^{n}(X_{1i} - \overline{X}_1)(X_{mi} - \overline{X}_m)$$
$$= \sum_{i=1}^{n}(X_{1i} - \overline{X}_1)(Y_i - \overline{Y})$$

$$\alpha_1\sum_{i=1}^{n}(X_{2i} - \overline{X}_2)(X_{1i} - \overline{X}_1) + \alpha_2\sum_{i=1}^{n}(X_{2i} - \overline{X}_2)^2 + \cdots + \alpha_m\sum_{i=1}^{n}(X_{2i} - \overline{X}_2)(X_{mi} - \overline{X}_m)$$
$$= \sum_{i=1}^{n}(X_{2i} - \overline{X}_2)(Y_i - \overline{Y})$$

$$\vdots$$

$$\alpha_1\sum_{i=1}^{n}(X_{mi}-\overline{X_m})(X_{1i}-\overline{X_1})+\alpha_2\sum_{i=1}^{n}(X_{mi}-\overline{X_m})(X_{2i}-\overline{X_2})^2+\cdots+\alpha_m\sum_{i=1}^{n}(X_{mi}-\overline{X_m})^2$$
$$=\sum_{i=1}^{n}(X_{2i}-\overline{X_m})(Y_i-\overline{Y})$$

ここで，それぞれの係数 α_k にかかっている Σ の中身に注目すると，第4章でみたサンプル相関係数の計算式より

$$r_{kl}=\frac{\frac{1}{n-1}\sum_{i=1}^{n}(X_{ik}-\overline{X_k})(X_{il}-\overline{X_l})}{s_k\cdot s_l} \qquad \text{変数} X_k \text{と} X_l \text{のサンプル相関係数}$$

$$s_k=\sqrt{\frac{1}{n-1}\sum_{i=1}^{n}(X_{ik}-\overline{X_k})^2} \qquad \text{変数} X_k \text{のサンプル標準偏差}$$

$$\sum_{i=1}^{n}(X_{ik}-\overline{X_k})(X_{il}-\overline{X_l})=(n-1)s_k\cdot s_l\cdot r_{kl}$$

この値を用いることによって，上の連立方程式は

$$s_1^2\cdot\alpha_1+s_1\cdot s_2\cdot r_{12}\cdot\alpha_2+\cdots+s_1\cdot s_m\cdot r_{1m}\cdot\alpha_m=s_1\cdot s_Y\cdot r_{1Y}$$
$$s_2\cdot s_1\cdot r_{21}\cdot\alpha_1+s_2^2\cdot\alpha_2+\cdots+s_2\cdot s_m\cdot r_{1m}\cdot\alpha_m=s_2\cdot s_Y\cdot r_{2Y}$$
$$\vdots$$
$$s_m\cdot s_1\cdot r_{m1}\cdot\alpha_1+s_m\cdot s_2\cdot r_{m2}\cdot\alpha_2+\cdots+s_m^2\cdot\alpha_m=s_m\cdot s_Y\cdot r_{2Y}$$

これを解けば，それぞれの係数 $\alpha_1,\cdots,\alpha_m$ を求めることができる．
$m=2$ のときについて解いてみると

$$\alpha_1=\frac{r_{1Y}-r_{12}\cdot r_{2Y}}{1-r_{12}^2}\cdot\frac{s_Y}{s_1}$$

$$\alpha_2=\frac{r_{2Y}-r_{12}\cdot r_{1Y}}{1-r_{12}^2}\cdot\frac{s_Y}{s_2}$$

また $m=3$ のときは

$$\alpha_1=\frac{(1-r_{23})\cdot r_{1Y}-(r_{12}-r_{31}r_{23})\cdot r_{2Y}-(r_{31}-r_{12}r_{23})\cdot r_{3Y}}{1-r_{12}^2-r_{23}^2-r_{31}^2+2r_{12}r_{23}r_{31}}\cdot\frac{s_Y}{s_1}$$

$$\alpha_2=\frac{(1-r_{31})\cdot r_{2Y}-(r_{12}-r_{31}r_{23})\cdot r_{1Y}-(r_{23}-r_{12}r_{31})\cdot r_{3Y}}{1-r_{12}^2-r_{23}^2-r_{31}^2+2r_{12}r_{23}r_{31}}\cdot\frac{s_Y}{s_2}$$

$$\alpha_3=\frac{(1-r_{12})\cdot r_{3Y}-(r_{31}-r_{12}r_{23})\cdot r_{1Y}-(r_{23}-r_{12}r_{31})\cdot r_{2Y}}{1-r_{12}^2-r_{23}^2-r_{31}^2+2r_{12}r_{23}r_{31}}\cdot\frac{s_Y}{s_3}$$

これからわかることは，それぞれの係数 α_k は X_k と Y の間の相関 r_{kY} だけでなく，説明変数 X どうしの相関 r_{kl} の影響も受けて値が変わるということである．たとえば X_1 と X_2 の相関がたまたま高いように実験点を選んでしまうと，$r_{12}\fallingdotseq 1.0$ であるから $m=2$ のときは式の分母が0に近付いて α_1，α_2 の計算結果はとんでもなく大きな値となってしまう．$m=3$ 以上のときも同様で，相関の高い X 変数どうしが存在すると回帰係数の計算結果の信頼性は非常に低下してしまう．

6. たくさんの要因を一度に評価する：重回帰分析

物理的な関係がない場合でも，データ上たまたま説明変数 X どうしに相関が発生している，というケースもままあります．たとえば化学反応で，配合組成を変えたとき，それに応じて反応の温度を変えるなど，比率や相互関係を人為的に動かしているようなケースには注意が必要です．

たとえば典型的な例として，原料の供給量 W に応じて反応温度の設定 T を図 6・15 のようにして運転している反応器があったとします．供給量 W と反応温度 T を説明変数にして，製品の純度 Y を求める回帰式を求めることを考えてみましょう．

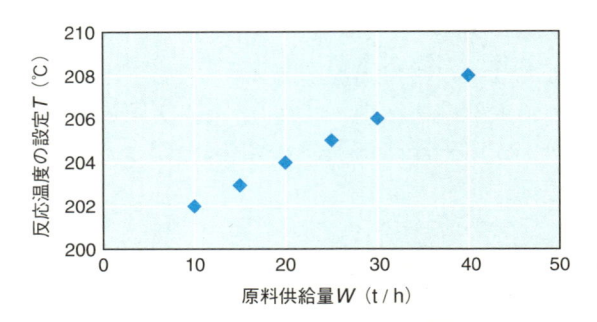

図 6・15　操業条件設定により，たまたま相関が出るケース

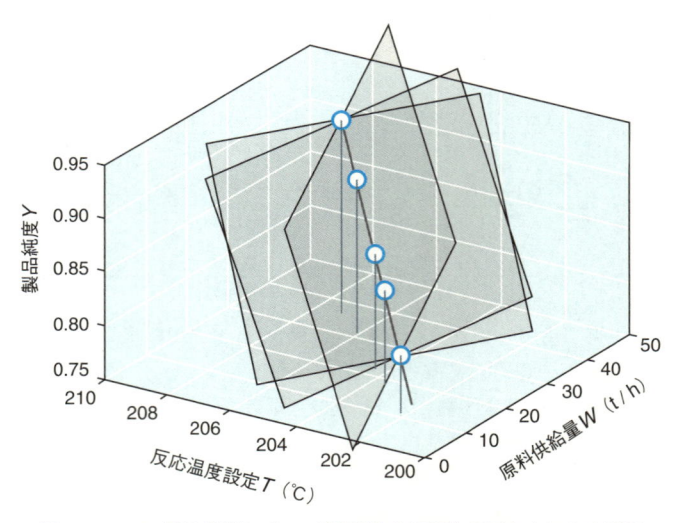

図 6・16　X 間の相関によって重回帰式（平面）が不安定になる様子

この状況は図 6・16 のように，供給量 W と反応温度 T，それに製品純度 Y を 3 次元にプロットすると問題がよくわかります．W と T が相関が高いために 3 次元空間中でデータが 1 次元状にしか散布しておらず，重回帰式で 2 次元平面を当てはめようとしても決められないのです．実際にはデータに含まれる誤差のために平面はなにがしかの値に決まりますが，それはノイズによりたまたま求まった値のためにそういう値になった可能性が高く，何も根拠がある値ではありません．要は供給量と温度が全く同じ動きをしているために，製品純度に対してどちらが効いているのか区別ができなくなってしまっているのです．

このような場合は相関の高い変数の片方を捨てて，残りの変数で回帰式をつくり，供給量上昇または温度上昇による効果，として評価してやる必要があります．

このような問題があることも，説明変数 X をむやみに増やして Y を無理やり合わせ込むことがお勧めできない大きな理由です．重回帰分析で寄与の大きいとされた説明変数 X は，なぜ大きいのか理由を必ず考え，納得できてから使うこと，これはいくら強調してもし過ぎることはありません．

6・8 実験計画法と重回帰分析

データのばらつきの中から効果のある要因を実験で見つけだすときに，重回帰分析の方法を使うと一度に複数の因子の効果を評価できるので非常に効率的であることを議論しました．上手に実験が組めるとわずか数十点の実験で，4～5 要因の効果の評価をばらつきの影響と分離して評価できたりもしますので，第 3 章で見たような 1 要因の効果をばらつきから分離するために十回近くも繰返して実験しなければならない分散分析のケースと比べると圧倒的な効率の良さです．

この方法はしかしながら，§6・4 や 6・5 で見たように実験点が偏っていたり，評価したい要因の数に比べてデータ数が極端に少ないときには必ずしもうまくいき

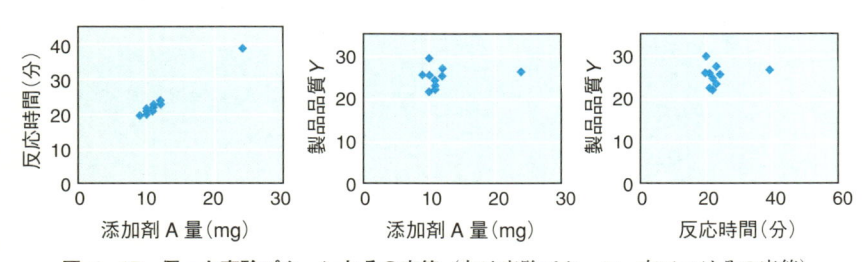

図 6・17 偏った実験パターンとその応答（左は実験パターン，右二つはその応答）

ません．重要な変動要因が大体把握されており，未知のばらつきがほとんどないような実験対象であれば少々問題があっても大丈夫ですが，ちょっとノイズが大きいとすぐに理屈に合わない，解釈不能な見せかけの関係が現れてきて悩むことになります．

たとえば図6・17のように10サンプルの実験がなされているにもかかわらず，そのうち9点は固まって存在し，残り1点だけが離れて存在するケースを考えてみましょう．もしこの1点の測定値が間違っていたり，要因以外の未知の外乱源の影響で値が大きくずれていたりすると，添加剤Aの濃度 (X_1) と反応時間 (X_2) それぞれの製品性能 Y への応答（重回帰で求めた効果の予測値）は図6・18のように大きく変わります．これは§6・5で議論した外れ値による重回帰分析の誤用例です．

この1点の値が正しいかどうかは1点の実験だけでは全く手がかりがありませんから，結局もう一度再現性を確認するためにこの外れた1点と同じ条件で実験をすることになります．それならば9点も同じような条件で実験をせず，計画的に条件を散らばらせればよいではないか？　という話になりますが，心情的に見込みのありそうな，失敗の少なそうなところに実験点というのは集中する傾向がありますので，あとで振り返ってみるとこのように実験条件が団子状に固まってしまっているというパターンはよく見かけます．

実験点の固まりの中に答えがあればよいですが，なかったときにはつぎの手をどう打つかを改めて考えなければなりません．結果的に探索範囲の中で虫食い状に実験が行われて，大事な領域をごっそりと見落としたり，あとで振り返ってもどうい

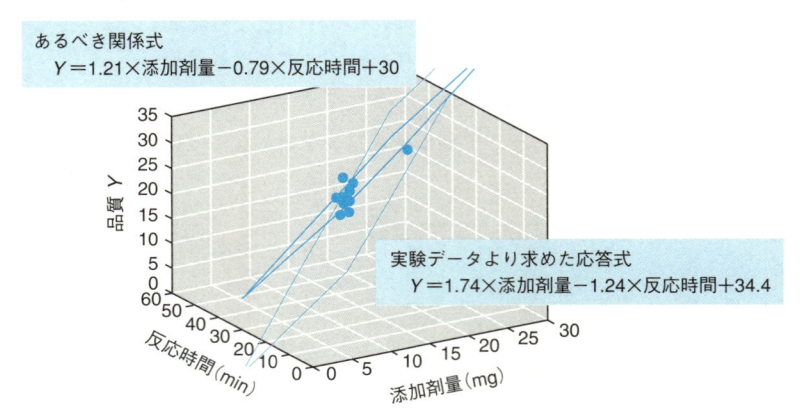

図6・18　この応答から求めた重回帰式．外れた1点の誤差がテコのようなはたらきをして回帰式の係数（条件から応答への感度）を狂わせている

あるべき関係式
$Y = 1.21 \times$ 添加剤量 $- 0.79 \times$ 反応時間 $+ 30$

実験データより求めた応答式
$Y = 1.74 \times$ 添加剤量 $- 1.24 \times$ 反応時間 $+ 34.4$

6・8 実験計画法と重回帰分析

う意図で実験をしたのかわからなくなってしまっていたりすることになります．

これほど極端なケースではないにしても，通常実験で行われる方法というのは抑えられる条件をできる限り一定にして，ただ一つの条件（たとえば温度）を動かして結果の応答を見て，つぎに別の要因（たとえば圧力）を動かして結果の応答を見て，という風に1対1の応答を見ながら現象の理解を重ねていくという方法を取ることが普通だと思います．もちろん第5章で示したように，1対1の応答で形状の規則性を使って応答を確認し，効果の有無を見ていくというこのやり方もそこそこ効率的であることはいえるのですが，複数の操作条件の組合わせを考えると，図6・19のように探索範囲は実はきわめて限られたところになってしまっています．また，抑えられないばらつきの存在下でそれぞれの応答が本当に右上がりまた右下がりであることの確認（つまり条件を変えたときにYに対して効果があることの確認）をするためには，条件設定は大・小の2水準，あるいは大・中・小の3水準ではかなり苦しく，2回以上繰返しをするかもしくは水準を5段階くらいに増やさないと，ばらつきの影響で実際は存在しない効果を"ある"と見誤るリスク（あるいはその逆で存在する効果を見逃すリスク）が第5章で論じたようにどうしても高くなります．結局こういったリスクを小さくしようとすると，さほど実験の数は減らせなくなってしまいます．

また，振った条件が思いのほか効かなかったときなどはつぎつぎと可能性のある新しい条件を取り上げて実験をしていくことになりますから，最初に効くと思って振った条件が"当たり"である確率が非常に高いものである必要があります．ところが開発の段階では"思ったほど効かない"ケースに遭遇するのはそれほど珍しいことではないのではないでしょうか？　このような見込み違いに対するリスク分散の手法として，たくさんの要因をできるだけ一度に評価する方法というのも結構重要となってきます．

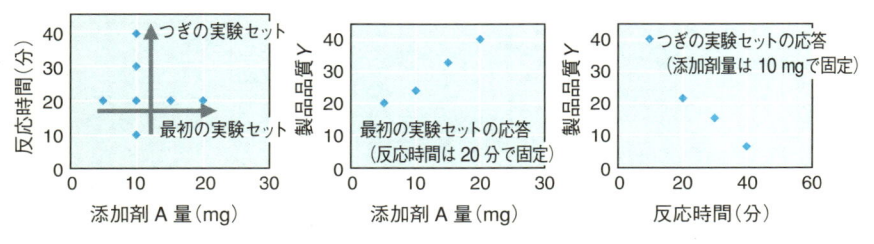

図 6・19　よく用いられる1因子応答の実験パターンとその応答
（左は実験パターン，右二つはその応答）

6. たくさんの要因を一度に評価する：重回帰分析

● 実験計画法の基本的な発想

実験の探索領域をカバーし，しかもばらつきの影響を条件変更の効果とうまく分離できる最良の実験パターンは実は図6・20のように格子状のところに全部点を打つことなのです（Full Factorial：完備型実験計画）．これは結構実験数が多くなってしまっているように見えますが，実は条件変更の効果の評価と繰返しによるばらつきの評価を実に巧妙に行い，同じ実験数であれば最大の情報量をもたらしてくれるのです．

たとえばこの中で1～2点実験をしくじっても，隣り合う実験点の関係から結果がおかしいということはすぐに見つけられるのではないでしょうか？

そうです．実験というのは"互いの差を見る"ことですから，比較する対象が多ければ多いほど結果に対して得られる情報は増えてきます．図6・20の実験では，一つ一つの実験点は添加剤濃度変更の効果と反応時間変更の効果の縦横二つを同時に評価してくれているので，1回の実験で"二度おいしい"のです．

たとえば，もし仮に添加剤Aの量が製品品質Yに関しては何の効果もなかったことがわかったとします．すると添加剤Aの効果がないことがわかっただけでなく，反応時間の効果に対しては，これら添加剤量を変えた実験は単純な繰返しを増やしたと見なすことができ，ばらつきの見積もりに威力を発揮してくれるのです．周囲の実験点との関係から効果の有無を判定し，もし効果がないとわかったときでも繰返し再現性の評価に使えるという，転んでもタダでは起きない巧妙さがこの完備型実験計画の魅力です．実験セットにさらに反応温度や触媒量など，別の条件も加えてこの完備型で実験を組むと，一つの実験が3度も4度もおいしく使えますのでますます得られる情報量は増大してきます．一つの条件だけを順に見ていく図

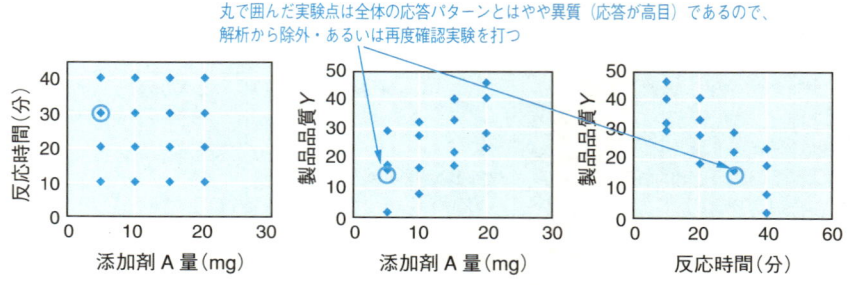

丸で囲んだ実験点は全体の応答パターンとはやや異質（応答が高目）であるので、解析から除外・あるいは再度確認実験を打つ

図6・20 完備型（Full Factorial）の実験パターンとその応答
（左は実験パターン，右二つはその応答）

6・19のようなやり方だと，このメリットは享受できませんので，この観点からでもこの方法は考えてみる価値はあると思います．

また，実験条件間の相関をみてみましょう．添加剤量と反応時間の条件の組合わせは図6・20の左端の図からわかるように，上下左右にバランスよく配置されていますから相互の相関はゼロになっています．ということはコラム"重回帰の計算"のところでみたようにそれぞれの要因効果の推定にはお互いの邪魔が入りませんので，同じデータ数であってもより精度よく求められることになります．このこともこのような実験条件の組み方の有利な点です．

もっともこのように格子点に実験をすべて打とうとすると，見たい要因が増えると掛け算で実験数が増えて行ってしまうという問題が発生します．見たい因子条件がこの例のように添加剤濃度と反応時間の二つだけであれば，それぞれ4水準の実験をしても $4 \times 4 = 16$ 通りですが，これに反応温度を3水準（大中小）変えて実験することにすると $4 \times 4 \times 3 = 48$ 回に必要実験点が増えます．

さらに触媒量を3水準取って組み合わせるとその3倍の144回の実験が必要となり，しだいに実験数が現実的でなくなってきます．完備型の長所である一つの実験を二つ以上の要因効果の評価に効果的に使うはたらきを残しながら何とか実験数を減らす工夫はないのでしょうか？

実験が添加剤濃度と反応時間だけを振っている場合には，反応時間が10分のときの実験は全部で4回繰返していることになっています．これが反応温度と触媒量も条件に加えると，同じ反応時間10分のときの繰返しは添加剤濃度（4水準）と反応温度（3水準），および触媒量（3水準）を組合わせて全部で $4 \times 3 \times 3 = 36$ 回にもなってしまっています．これをうまく間引いて9回くらいにすれば，全実験数は反応時間（4水準）×添加剤濃度・反応温度・触媒量をうまく組合わせた9回の繰返し＝36回の実験というふうにすることができます．ここでの工夫のしどころは，反応時間だけでなく，添加剤量についても，

　　　　添加剤濃度(4水準)× 反応時間・反応温度・触媒量

をうまく組合わせた9回の組合わせとなるように，また反応温度・触媒量に関しても

　　　　反応温度(3水準)× 添加剤濃度・反応温度・触媒量

をうまく組合わせた12回の繰返し

　　　　触媒量(3水準)× 添加剤濃度・反応温度・反応温度

をうまく組合わせた12回の繰返しとなるようにどこから見てもバランスが取れる

ように実験の組合わせを考えることなのです．こうすれば実験条件間に相関は発生せず，それぞれの要因効果を適切に評価することが可能となります．

組合わせパズルを解くようなこの問題をいちいち考えていてはたまりませんので，このような実験パターンの組合わせは，直交表として提供されているものを使うことになります．

これは実験計画法の教科書に出てくるL8（8回の実験パターン・因子はすべて大小の2水準），L9（9回の実験パターン・因子はすべて大中小の3水準）などいろいろあるパターンの中から自分の必要に合ったサイズのものを探してきて，実験の列のところに必要な因子（条件）を割り付けて実験パターンを決めるという作業をします．

紙面の都合で詳細の説明は省略させていただきますが，この事例での実験パターンはつぎのようになりました（L32という直交表をベースに設計しました．直交表を使った実験計画は考え方としては重要ですが，どの計画表をどのように使ったら所与の目的が達成できるか考えるのにはかなりの勉強と慣れが必要です．そのあたりがなかなか根付かなかった一つの理由だと思いますが，実験計画がコンピューターで容易に組めるようになった近年，その簡易版ともいえるモデルベース実験計画に取って変わられつつある，というのもまた事実です．実用上はもはや直交表でガリガリと実験を組むことはあり得ない時代となりました）

組まれた実験計画がどのようなからくりになっているかおわかりでしょうか？どの要因のどの水準を取っても他の要因の水準はバランス良く散らばっていることがわかります．この結果，一部の領域に実験点が集中することなく，探索範囲全体の挙動がうまく表現できますし，実験ノイズの影響を分散させて因子効果の評価がより正確にできるのです．

あとはこの表に基づいて実験を行い，実験結果を記録します．結果をご紹介した重回帰分析にかければ，それぞれの要因の品質 Y に対する効果が評価できるのです．

このように複数の因子（要因）を一度に実験に組み入れて評価することで，一つ一つの要因を順番に評価していくのに比べて圧倒的に速い評価ができることと，一つの実験を複数の因子の効果の評価に巧妙に使うことで繰返し実験の代わりとし，ばらつきの評価まで同時に行ってしまえるという点が実験計画法の魅力です．前者は比較的よく知られていますが，後者の考え方はあまり理解されていないようです．理論的にわかりきっていることの追検証であれば未知のばらつきはあまり気にする

6・8 実験計画法と重回帰分析

ことはありませんけれども，通常は開発ステージでは未知のばらつきを相手にするはずなので，このセンスが欠けていると痛い目に遭います．"一通り実験が終わらないとどの因子が効いているのか効果が見えにくい"であるとか"実験結果の評価は重回帰＆分散分析にかけないといけないので難しい"など，実験者が使いこなすには不利なところもありますけれども，研究開発の許容期間の短縮と幅広い範囲を効果的に探索することの両方を満たそうとしたときに，決して無視はできない方法論です．

表 6・3 実験パターンの例

実験 No.	添加剤量	反応時間	反応温度	触媒量	実験結果 Y
1	5	10	373	200	
2	5	10	573	600	
3	5	20	473	200	
4	5	20	473	600	
5	5	30	473	400	
6	5	30	473	400	
7	5	40	373	400	
8	5	40	573	400	
9	10	10	473	400	
10	10	10	473	400	
11	10	20	473	400	
12	10	20	573	400	
13	10	30	373	600	
14	10	30	573	200	
15	10	40	473	600	
16	10	40	473	200	
17	15	10	573	600	
18	15	10	373	200	
19	15	20	473	600	
20	15	20	473	200	
21	15	30	473	400	
22	15	30	473	400	
23	15	40	573	400	
24	15	40	373	400	
25	20	10	473	400	
26	20	10	473	400	
27	20	20	573	400	
28	20	20	373	400	
29	20	30	573	200	
30	20	30	373	600	
31	20	40	473	200	
32	20	40	473	600	

実験計画法について論じますと，それだけで本1冊が書けるくらいの内容になってしまいますので，本書ではこのくらいの簡単な紹介に留めます．残念ながら私の知る限り，最近のコンピューターを活用した実験計画法（モデルベース実験計画法・応答曲面法など）の良い教科書はまだ国内では出ていないようですが，この手法が使えるパッケージソフトは多数ありますので，効率的な実験方法をお探しの方はぜひ探して見られるとよいでしょう．

参 考 文 献

新・涙なしの統計学： D. ロウントリー著，加納 悟 訳，新世社 (2001).
　統計の世界で道に迷っていた筆者がようやく見通しを得られた1枚の海図のような本です．数式を使わず，文章と図版だけで説明してくれていますので非常にわかりやすく，この本でまず統計学とは何ぞや？のイメージを得てから詳しい教科書を手に取ると理解が早いのではないでしょうか．

実践としての統計学： 佐伯 胖，松原 望 編，東京大学出版会 (2000).
　心理学や医学のように，統計学なしでは先へ進まないような領域では非常に良いテキストがたくさんあるように思います．本書ではいきなり序で"よくわからない"統計学と，この手法を相対化してみせ，実際に使う者の立場から非常に明快に各手法を説明してくれています．筆者も本当はこの本のエンジニアリング版をつくりたかったのですがかなり力不足でした．心理学実験のデータなどを工学に読み替えができれば非常に利用価値が高い本です．

統計解析の実践手法： 佐川良寿著，日本実業出版社 (2002).
　工学分野に立脚して書かれた数少ない統計解析の，さらに数少ない比較的わかりやすく書かれた本です．本書では十分詳しく論じきれなかった回帰分析・最小二乗法について非常に詳しい解説があります．

違いを見ぬく統計学： 豊田秀樹著，講談社ブルーバックス (1994).
　ブルーバックスにしては読みにくい本ですが，この厚さで分散分析から実験計画法のところまでコンパクトにまとめているのは見事です．本書で割愛した実験計画法のところをもう少し詳しくお知りになりたい方は本書をまずご覧ください．

疑問に答える 実験計画法問答集： 富士ゼロックス QC 研究会編 (1989).
　実験計画法としては古い直交表の考え方がベースですが，企業で実践されている方たちによって書かれたこの本はいろいろと実用的なアイディアにあふれ，実験を組む人にとっては参考になるでしょう．品質工学（タグチメソッド）を使った開発についても詳しく，その観点からも読む価値はあります．

統計でウソをつく法： D. ハフ著，高木秀玄訳，講談社ブルーバックス（1968）．

　私のバイブルです．意図的にウソをつかなくとも，データの扱いがおかしければ結果的にウソをついたことになる……．自戒の念をこめて推薦します．たぶんこれが原点です．

索　引

あ　行

当てはめ誤差　114

因果律　148

影響度　139

応答曲面法　160
オーバーフィッティング　140
重み付き最小二乗法　121

か　行

回帰係数　136
回帰分析　103, 104, 107
確率プロット　62
完備型実験計画　156
ガンベル分布　53, 55, 64
Γ関数　59

記述統計　8
極値分布　55
近似曲線の当てはめ　107

繰返し再現性　156
繰返し実験　65
クロスバリデーション　147

決定係数　109, 125
　——の信頼性　112
　自由度調整済みの——　141

さ　行

格子点　157

最弱リンク説　53
最小二乗法　5, 103, 107
最小二乗法（重みつき）　121
算術平均値　12
散布図　5, 11
サンプル数を増やす効果　15
サンプル相関　84

指数分布　52, 64
実験計画法　5, 131, 153
ジャックナイフ法　147
重回帰　148
重回帰計算　150
重回帰式　135
重回帰分析　5, 129, 131, 132, 153
重決定R^2（決定係数）　137
自由度　20
自由度調整済みの決定係数　141
条件変更の効果　103
信頼区間
　——幅とサンプル数との
　　　　　関係　97
　——幅の推算方法　96
　——評価　99
推測統計　8
スタージェスの公式　33

正規確率プロット　34

正規分布　23
z変換　92

相　関　81
相関係数　82
相関分析　81
層　別　134

た　行

対数正規分布　40, 43
単回帰分析の限界　129
中心極限定理　17
直交表　158

t分布　28
テイラー展開　104
テコ効果　120

特性要因図　3

な　行

2次元正規分布　90
2点繰返し平均　32

は　行

外れ点　146
パレートの原理　4, 131

ヒストグラム　32
p 値　125
標準偏差　7, 18

不偏推定量　21
フラクタル分布　61
分　散　18
分散値のサンプル依存性　22
分散分析　65
　　――の計算方法　70

平均値　7, 12, 26

ベータ分布　49, 50

母相関　84
ボックス-コックス変換　46

ま　行

マクスウェル分布　46, 48

密度関数　64

モデルベース実験計画　158

ら～わ

累積密度関数　64

レイリー分布　46, 47

ロジット変換　49, 51, 91

ワイブル分布　53, 56, 64

藤井　宏行
　1963年　東京に生まれる
　1987年　東京大学工学部 卒
　三菱化学(株)技術部
　専攻　数理工学・計測工学

第1版　第1刷　2005年4月 1 日　発行
第2刷　2009年8月20日　発行

エンジニアのための 実践データ解析

© 2005

著　者　藤　井　宏　行
発行者　小　澤　美奈子
発　行　株式会社 東京化学同人
東京都文京区千石 3-36-7(〒112-0011)
電話 03(3946)5311・FAX 03(3946)5316
URL: http://www.tkd-pbl.com/

印　刷　株式会社　アイワード
製　本　株式会社　松　岳　社

ISBN 978-4-8079-0589-8
Printed in Japan

計測における
誤差解析入門

J. R. Taylor 著／林　茂雄・馬場　涼訳
A5判　344ページ　定価4410円(税込)

理工系1，2年生向きに不確かさの科学を講義する．大工仕事から歴史的な実験まで広範な例を引き，最小限の予備知識で理解できる．例題，演習問題はよく練られており，物理や化学などの理工系学生実験用テキストとして好適である．

主要目次：I部（誤差解析とは何か／実験レポートにおける誤差評価の使い方／誤差の伝播／ランダム誤差の統計的取扱い／正規分布）　II部（データの棄却／加重平均／最小二乗法によるあてはめ／共分散と相関／二項分布／ポアソン分布／分布に対するカイ二乗検定）

価格は2009年8月現在

化学実験における
測定とデータ分析の基本

小笠原正明・細川敏幸・米山輝子 著
A5判　176ページ　定価 2100 円(税込)

大学での化学実験で経験する，データの取得からレポートの作成に至る各過程で必要となるデータの取扱い方法，具体的解析法，それらのノウハウなどを解説．学生実験の現場での指導にも役立つ．付録を合わせて160ページ余りの手頃な書であり，大学での化学実験の副読書・参考書として最適．

主要目次：実験の前に／データをとる／データの解析／身につけておきたい数学的常識／統計学的分析とは何か／検定方法の実際／統計学あれこれ／レポートを書こう／付録（数学／検定に使用される表）

価格は 2009 年 8 月現在